普通高等教育"十三五"规划教材　　风景园林与园林系列

风景园林设计基础

王先杰　刘 爽 ⦿ 主编

·北京·

《风景园林设计基础》是园林专业与风景园林专业大学本科教材，主要介绍园林设计的基本常识，为今后在专业课中能深入完整地表现出较高的设计思想打下坚实的基础。教材内容共分五章，主要包括：概论、风景园林制图基本知识、风景园林设计与构成、风景园林设计入门、风景园林造景基础。本书理论结合实践，选编了较多的园林设计的实践案例图片作为参考资料，有助于学生对园林设计工作的深入理解和知识拓展。

《风景园林设计基础》可作为园林、风景园林专业的高校教材，也可作为园林工程设计、施工人员参考书。

图书在版编目（CIP）数据

风景园林设计基础/王先杰，刘爽主编. —北京：化学工业出版社，2019.3（2024.6重印）

普通高等教育"十三五"规划教材. 风景园林与园林系列
ISBN 978-7-122-33801-3

Ⅰ.①风⋯ Ⅱ.①王⋯ ②刘⋯ Ⅲ.①园林设计-高等学校-教材 Ⅳ.①TU986.2

中国版本图书馆 CIP 数据核字（2019）第 011925 号

责任编辑：尤彩霞　　　　　　　　　　　　　　　　装帧设计：韩　飞
责任校对：王　静

出版发行：化学工业出版社（北京市东城区青年湖南街13号　邮政编码100011）
印　　装：北京天宇星印刷厂
787mm×1092mm　1/16　印张8¼　彩插4　字数211千字　2024年6月北京第1版第3次印刷

购书咨询：010-64518888　　　售后服务：010-64518899
网　　址：http://www.cip.com.cn
凡购买本书，如有缺损质量问题，本社销售中心负责调换。

定　　价：38.00元　　　　　　　　　　　　　　　　　　　　　版权所有　违者必究

《风景园林设计基础》编写人员

主　编　王先杰　刘　爽

副主编　肖　冰　骆　帅　孙余丹

参加编写人员（以姓氏笔画为序）

　　　　王先杰　北京农学院

　　　　孙余丹　岭南师范学院

　　　　李月新　河源职业技术学院

　　　　刘　爽　岭南师范学院

　　　　肖　冰　仲恺农业工程学院

　　　　张　誉　广东海洋大学寸金学院

　　　　范业展　沈阳大学

　　　　骆　帅　河源职业技术学院

前　言

《风景园林设计基础》是园林专业与风景园林专业的一门重要基础课，课程从认识园林开始，了解风景园林学科的发展概况，同时对园林设计规范及平面构成、立体构成、色彩构成进行深入讲解，结合造景基础知识为初学者提供一个进入园林设计领域的平台，使学生掌握园林设计的基本步骤和方法，培养学生活跃的设计思维，为今后在专业课中能深入完整地表现出较高的设计思想打下坚实的基础。

本教材内容主要包括：概论、风景园林制图基本知识、风景园林设计与构成、风景园林设计入门、风景园林造景基础。本书采用图文结合的方式，编辑丰富的内容，通俗、易懂、实用，力求能够满足园林、风景园林专业本科教学需求，同时也可作为环境艺术及城市规划等相关专业师生的参考书籍。

本教材由王先杰、刘爽主编，北京农学院园林学院王先杰教授负责整本书的编写思路、章节安排等统筹工作。第一章由李月新、孙余丹编写，第二章由刘爽、肖冰编写，第三章由张誉、范业展、王先杰编写，第四章由骆帅、李月新编写，第五章由刘爽、孙余丹编写，附录部分由孙余丹、王先杰编写。

由于时间仓促、编者水平有限，书中不足之处在所难免，恳请广大读者提出宝贵意见，以便及时改正。

编者
2019 年 5 月

目录

第一章 概论 ………………………………… 1
  一、风景园林的定义 …………………… 1
  二、风景园林的功能 …………………… 2
  三、风景园林学科的发展概况 ………… 3
  四、学习风景园林设计的要求 ………… 4
  思考题 …………………………………… 4

第二章 风景园林制图基本知识 …………… 5
  第一节 绘图工具及其使用 ……………… 5
    一、常用制图工具 ……………………… 5
    二、其他辅助绘图工具 ………………… 7
  第二节 基本制图常规 …………………… 8
    一、图纸 ………………………………… 8
    二、图线 ………………………………… 9
    三、字体 ………………………………… 9
    四、比例尺 ……………………………… 14
    五、指北针 ……………………………… 14
    六、尺寸标注 …………………………… 15
    七、剖切符号 …………………………… 15
    八、绘图步骤 …………………………… 15
  思考题 …………………………………… 16

第三章 风景园林设计与构成 ……………… 17
  第一节 平面构成 ………………………… 17
    一、平面构成的基本概念 ……………… 17
    二、平面构成的基本要素 ……………… 17
    三、平面构成的基本形式 ……………… 21
    四、平面构成与风景园林设计 ………… 28
  第二节 立体构成 ………………………… 36
    一、立体构成的六个要素 ……………… 36
    二、立体构成的基本形式 ……………… 39
    三、立体构成与风景园林设计 ………… 39
  第三节 色彩构成 ………………………… 41
    一、色彩构成的基本知识 ……………… 41
    二、色彩构成与风景园林设计 ………… 45
  思考题 …………………………………… 47

第四章 风景园林设计入门 ………………… 48
  第一节 风景园林设计过程 ……………… 48
    一、任务书阶段 ………………………… 48
    二、基地调查及分析 …………………… 49
    三、方案设计的构思与选择 …………… 51
    四、方案设计的调整与深入 …………… 55
    五、施工图阶段 ………………………… 58
    六、施工实施阶段 ……………………… 58
  第二节 常见风景园林设计图 …………… 59
    一、平面图 ……………………………… 59
    二、立面图 ……………………………… 67
    三、剖面图 ……………………………… 72
    四、效果图（透视图、鸟瞰图） ……… 74
    五、功能分区图 ………………………… 76
  思考题 …………………………………… 79

第五章 风景园林造景基础 ………………… 80
  第一节 园林造景要素 …………………… 80
    一、地形 ………………………………… 80
    二、植物 ………………………………… 86
    三、水体 ………………………………… 93
    四、山石 ………………………………… 94
    五、建筑 ………………………………… 96
  第二节 园林造景手法 …………………… 97
    一、主景与配景 ………………………… 98
    二、近景、中景、全景与远景 ………… 98
    三、借景 ………………………………… 98
    四、对景 ………………………………… 100
    五、分景 ………………………………… 100
    六、框景 ………………………………… 101
    七、漏景 ………………………………… 101
    八、夹景 ………………………………… 102
    九、添景 ………………………………… 102
    十、点景 ………………………………… 103
  思考题 …………………………………… 105

附录 …………………………………………… 106
《城市绿地设计规范》GB 50420—2007
（2016年版） ………………………………… 106
江南经典园林平面图 ………………………… 115

参考文献 ……………………………………… 123

第一章

概　　论

一、风景园林的定义

1. 风景

现代英语中的"Landscape"一词来源于16～17世纪的荷兰语。起初被作为描述自然景色的绘画术语，以区别于当时的肖像画和海景画等。后来亦指所画对象为自然风景与田园景色，也用来表达某一地域范围内的地形或者从某一点能看到的美的视觉环境。到18世纪，西方的这种风景绘画开始与造园活动联系在一起。19世纪以后，Landscape被引入多学科，含义不断复杂化，在这些学科中，Landscape被统一译为"景观"。

汉语中的风景一词同样是视觉美学意义上的概念，包含自然景观和人文景观。自然景观通常指自然地形、地貌、河流、植被等（图1-1），人文景观通常指建筑（图1-2）、历史文化遗址等。

图1-1　自然景观

图1-2　人文景观

2. 园林

园林是指在一定的地域范围内，通过一定的技术条件及艺术手法营造的美的游憩境域。通常包含有山石、水体、植物、建筑四大园林要素。在我国古代，园林多为皇族、达官贵人或文人所有，均为私有，如北京颐和园、苏州拙政园、东莞可园（图1-3）等。在现代社会，园林一般不再仅作为私人所有场所而存在，而多表现为城市公园、广场等城市公共空间（图1-4）。

3. 风景园林

"Landscape Architecture"最早出现在美国风景园林大师奥姆斯特德（Frederick Law Olmsted）和沃克斯（Calvert Vaux）联名写给纽约中央公园委员会的一封信的落款中，其落款为"Landscape architects"。随着纽约中央公园及一系列的城市公园的成功建设，"Landscape Architecture"逐渐被大众熟知和接受。

汉语中的"风景"和"园林"两个词最早出现于魏晋南北朝时期。一般而言，"风景"

图1-3 东莞可园

图1-4 广州荔湾公园

和"园林"两者并不等同，风景被划定为大自然的美景，并非人为建造，而园林则是通过人工模拟自然景观的做法营造而成。

在经济和科学技术发展迅速的今天，风景园林定义日渐清晰，如今作为一级学科的风景园林，被赋予了丰富的内涵和含义。通常所理解的风景园林是指规划、设计、保护、建设和管理户外自然和人工境域的工作，是一门处理人、建筑、环境之间关系的学科。由于其涉及地球表层规划、城市环境绿色生物系统工程以及造园艺术等多方面的内容，因此也是一门典型的交叉学科。

二、风景园林的功能

1. 使用功能

风景园林的使用功能包括提供游憩活动、修养身心的场所及文化教育场所。城市公园（图1-5）、广场、风景名胜区、旅游度假区等能够为人们提供环境优美的休闲游憩空间。此外，公共的文娱、体育公园（图1-6）、纪念馆、文化宣传廊等，在提供一定的场地活动空间的同时，还有对文化的教育和传承的功能。

图1-5 城市公园

图1-6 体育公园

2. 景观功能

优美的环境景观能够在视觉上引起人的美的感受，无论在城市还是乡村中，均能够起到美化环境的作用。壮丽秀美的乡村大地景观，能够给人身心上无以言表的纯净，植物景观能够丰富城市建筑群体轮廓线，增强城市建筑艺术效果，对城市环境起到锦上添花的作用。

3. 生态功能

风景园林中发挥生态功能的主要是园林植被，主要体现在保护环境、减灾防灾、维持生物多样性三个方面。保护环境主要指园林中的植物能够吸收有毒气体、净化水体、净化土壤、吸烟滞尘、减轻放射性污染、改善城市小气候、减少噪声、杀菌，还能利用植物的生长变化进行环境监测评价作用。减灾防灾主要体现在防火防震、防风固沙、涵养水源、保持水土四个方面。维持生物多样性则是从景观生态学角度出发，不同类型的风景园林能够形成稳定的景观结构，而园林中的植物、动物等能够形成稳定的群落结构，对于维持生物多样性具有重要意义。

4. 经济功能

风景园林中优美的大地自然风光、旅游景区及休闲疗养基地等，通常以旅游消费或旅游开发等形式产生直接的经济效益。同时，美的园林环境还能够带动城市房地产及服务行业的发展，产生间接的、可观的经济效益。

三、风景园林学科的发展概况

1. 国际风景园林学科的发展概况

风景园林（Landscape Architecture）学作为一门现代学科，其发展历史可追溯到19世纪末、20世纪初，最早由美国风景园林大师奥姆斯特德（Frederick Law Olmsted）在1858年提出。1899年美国成立风景园林师学会，1901年，美国哈佛大学率先开设了风景园林专业，之后美国各州立大学也相继开设该专业，1948年国际风景园林师联盟（IFLA, International Federation of Landscape Architects）成立。

国际风景园林学科发展以美国为先导，主要包括景观评估与规划、基地规划、细部设计、城市设计四个方面的内容。景观评估与规划是关于大尺度范围内的土地系统性分析，它不仅需要风景园林师的参与，还需要土壤科学家、生物学家、地质学家、经济学家等的参与，其目的是为了更加科学合理地将土地使用计划同政策导向相结合；基地规划是指将基地特征与使用需求结合起来，从功能和美学角度出发来划分空间，配置园林各要素；细部设计则包含园林中的造园要素，包括园林建筑、植物、雕塑等的具体设计；城市设计则是以协调建筑物之间与公共使用空间任务为主。因此，国外的风景园林学科是一门涵盖了自然科学、工程技术与人文科学的综合学科，它不仅包含传统意义上的园林，还紧密联系了建筑和城市规划学科。

2. 国内风景园林学科发展概况

我国有着悠久的园林历史文化，在世界园林中独具特色，对世界园林的发展也产生了深远的影响。我国风景园林学科发端于20世纪50年代北京农业大学与清华大学联合组建的"造园组"，随后调整到北京林学院，这一时期培育了大批的园林骨干精英。其后由于历史原因，园林学科的教学及研究在改革开放后才得以重新发展。到20世纪90年代，随着生态环境建设日益受到重视，生态园林、花园城市建设热潮掀起，带动了风景园林学科的发展，各地旅游业的发展又进一步拓展了风景园林学科的范畴。2011年，国务院与教育部共同颁布的《学位授予和人才培养学科目录》中，"风景园林学"被列为一级学科，至此，我国的风景园林学科经历几十年的发展，终于成为我国高校学科发展的重要学科。

从风景园林学科诞生至今，其含义一直处于不断的发展中。以最早偏向美学意义上的定义出发，到以应对环境危机将自然系统、自然界演化进程及人类社会发展关系密切联系的专门知识、技能、经验，再到当代以处理人类生活空间和自然关系，有关土地的分析、规划、设计、管理、保护和恢复的艺术和科学。风景园林学科定义及内涵不断丰富。在我国，风景园林作为一门综合性的学科，随着市场经济的发展，对城市的整体发展、城市生态环境、历史文化遗产及风景名胜资源的保护日益重视，风景园林事业呈现出前所未有的大好形势，风景园林科学技术也不断进步。

（1）信息技术背景下，风景园林学科内涵更丰富。

信息时代信息交互高速、同步且多元化，信息社会的城市化过程与城市形态也会受到极大的影响，人们的生活方式和生产方式同样会产生重大变化。人对于日常休闲娱乐的需求不断增加，这就给风景园林学科发展提出了新的挑战。传统的园林类型随着社会发展逐渐退出，新型的园林空间随着时代发展不断出现，诸如大型主题公园、风景旅游区、现代野生动物园、综合性园林博物院、观光农业园区等。同时，传统的规划设计理论和设计方法将因不能适应新形势的需求而不断产生变化。

（2）旅游业的蓬勃兴起，风景资源保护工作成为风景园林学科领域急需重点解决的问题。

近些年，随着我国经济社会发展，旅游业已成为人们生活的重要组成部分，也成了新的经济增长点和投资热点，这也为风景园林学科提供了发展创新的机遇。但旅游业更注重对实际经济效益的追求，而园林则更注重对环境本身的保护，两者的差别使得旅游和风景园林的学术交流和学科发展受到较大影响，因此，如何处理好旅游开发和风景资源的保护是当下风景园林领域专家学者所共同面临的难题。

（3）现代风景园林学科更加注重园林生态效应等生态问题的研究。

生态理念的融入是近年来风景园林学科发展的一大特点。我国园林学长期以来的研究多倾向于对园林美学的研究和实践，较少把精力放在园林的生态效应等理论问题研究上。在运用景观生态学原理和方法研究城市绿地结构、格局和生态功能等方面略显薄弱。现代风景园林学更加注重生态城市建设，将景观生态学理论运用到城市建设过程中来，以保护和利用自然景观为中心，师法自然，追求生态系统良性循环的大地景观规划原则和方法逐步形成。

四、学习风景园林设计的要求

风景园林是一门综合性的交叉学科，涉及的内容横跨工、农、理、文、管理，同时还融合了艺术科学、逻辑思维和形象思维，因此在学习风景园林设计课程时，必须注重学习方法的多样性。

① 融会贯通各学科知识　风景园林具体的设计过程涉及自然和社会科学等应用学科、技术和艺术的知识和手段，因此，在学习过程中，必须学会整合各学科知识，学会融会贯通，才能综合解决风景园林学在规划、设计、保护、建设和管理中遇到的开放性、复杂性问题。

② 注重动手能力的培养　风景园林设计基础理论研究离不开相应的实践及实验，在学习过程中，必须勤动手、多实践。

③ 善观察多思考　学习设计不能一蹴而就，必须不断地积累专业知识，平时必须多观察实景场地空间或实景图片，时常思考设计者的设计出发点，学习不同的设计方法。

思考题

1. 什么是园林？
2. 风景园林的功能有哪些？
3. 查阅资料，了解近几年国内外园林设计的发展状况。
4. 思考自己的学习目标并制定计划。

第二章

风景园林制图基本知识

第一节　绘图工具及其使用

一、常用制图工具

1. 绘图用笔

（1）铅笔

绘图铅笔中最常用的是木质铅笔。根据铅芯的软硬程度分为 B 型和 H 型，B 前的数字越大，表明铅笔的硬度就越小，画出来的线条就越黑越浓；H 前的数字越大，表明铅笔的硬度就越大，画出的线条就越轻越浅。绘图时，应根据不同用途及不同图纸选择合适的绘图铅笔。

削铅笔时，笔尖应削成锥形，铅芯露出 6～8mm，注意保留有标号的一端。画线时，铅笔应向走笔方倾斜，用力均匀。

（2）针管笔

针管笔又叫绘图墨水笔，有 0.1～1.2mm 不同的型号，可以画出不同线宽的墨线，使用广泛。目前市面上有两种类型：一种是可以像钢笔一样吸水、储水的永久性针管笔（图 2-1-1），另一种是一次性针管笔（图 2-1-2）。针管笔在使用时，笔尖要垂直于纸面且走笔速度均匀。

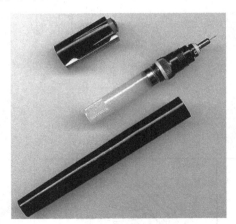

图 2-1-1　永久性针管笔

图 2-1-2　一次性针管笔

2. 图板

图板表面平整、光滑，是用来放图纸的工具，轮廓呈矩形。它可分为 0 号图板（900mm×1200mm）、1 号图板（600mm×900mm）、2 号图板（400mm×600mm）三种。绘图时可根据绘图内容来确定所选图板的型号。

3. 丁字尺

丁字尺是一个丁字形结构的工具，由尺头和尺身两部分组成，尺头与尺身相互垂直，尺身的一边带有刻度，是用来画直线的工具（图2-1-3）。使用时，尺头内侧始终靠紧绘图板的一边，用手按住尺身，沿尺子的工作边画线（图2-1-4）。

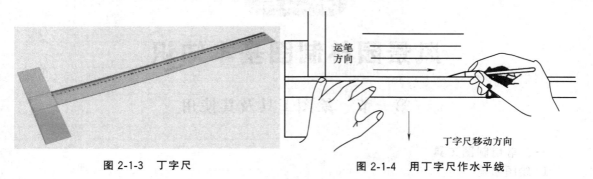

图2-1-3　丁字尺　　　　　　　　图2-1-4　用丁字尺作水平线

4. 三角板

一副三角板有两个：一个为45°的等腰直角三角形，另一个为30°、60°的直角三角形（图2-1-5）。三角板有多种规格可供绘图时选用，两个三角板可以相互配合画出不同角度的线及它们的平行线，也可以与丁字尺相互配合画线（图2-1-6）。

图2-1-5　三角板

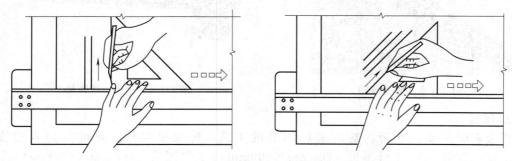

图2-1-6　丁字尺和三角板配合画线

5. 模板

在有机玻璃板上把绘图常用到的图形、符号、数字、比例等刻在上面，以方便作图。常用的有曲线板、画圆模板、建筑模板等。

（1）曲线板

曲线板是用来绘制非圆曲线的工具，可以用它来绘制弯曲的道路、流线形图案等，非常方便（图2-1-7）。用曲线板画曲线时，应根据需要先确定曲线多个控制点，然后根据所画曲线的形状，将曲线分成几段，每段至少应有3～4个点与曲线板上所选轮廓线吻合，而且前后两段应有一部分线条重合，按顺序把曲线画完。

（2）画圆模板

画圆模板是用来画圆的，是一块由大大小小的圆组成的有机玻璃板，使用时，找出模板上相应的圆，用笔画出即可，通常用于绘制平面植物图例（图2-1-8）。

图 2-1-7　曲线板

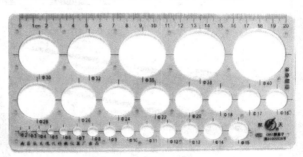
图 2-1-8　画圆模板

（3）角度平行尺

角度平行尺由带刻度尺面、量角器及带计数器的白色滚轴组成（图2-1-9）。在绘图过程中，可以用它来测绘角度、绘制圆及圆弧、绘制水平平行线组及竖直平行线组，还可以利用它画竖直平行线的功能，方便地画出各种图形。在绘制水平平行线组及竖直平行线组时，水平平行线间的间距和竖直平行线间的间距，都可以通过计数窗内的刻度来控制。

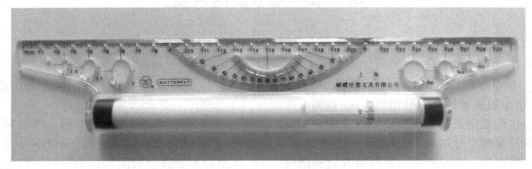
图 2-1-9　角度平行尺

6. 圆规

圆规是画圆和圆弧线的专用仪器，使用圆规要先调节好钢针和另外一插脚的距离，使钢针尖扎在圆心的位置上，使两脚与纸面垂直，沿顺时针方向速度均匀地一次画完。

二、其他辅助绘图工具

园林设计图所用的其他工具还有：裁纸刀、单面刀片、橡皮、胶带、三棱比例尺、擦图片、彩色铅笔、马克笔、排刷等（图2-1-10）。

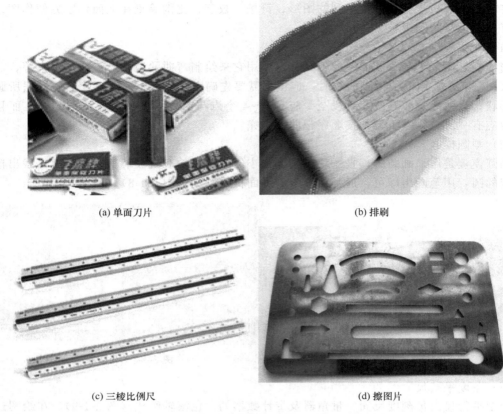

(a) 单面刀片　　　　　　　　　　　　(b) 排刷

(c) 三棱比例尺　　　　　　　　　　　(d) 擦图片

图 2-1-10　其他工具

第二节　基本制图常规

一、图纸

1. 图幅与图框

图幅是指图纸本身的大小规格，园林制图中采用国际通用的 A 系列幅面规格的图纸。A0 幅面的图纸称为 0 号图纸，A1 幅面的图纸称为 1 号图纸，以此类推。

在图纸中还需要根据图幅大小确定图框。图框是指在图纸上绘图范围的界限。图纸幅面规格及图框尺寸如表 2-2-1 所示。为使图纸装订整齐，图纸的长边可以加长，短边不可以加长，每次加长的长度是标准图纸长边长度的 1/8。以短边作垂直边的图纸称为横幅，以短边作为水平边的图纸称为竖幅。

表 2-2-1　幅面及图框尺寸　　　　　　　　　　　　　　　单位：mm

尺寸代号	幅面代号				
	A0	A1	A2	A3	A4
$B \times L$	841×1189	594×841	420×594	297×420	210×297
c	10			5	
a	25				

2. 标题栏和会签栏

每张图纸都应有标题栏，注明图纸名称、设计单位、设计者与项目负责人、日期及图号。

会签栏是设计师、监理人员与工程主持人会审图纸签字用的栏目，放在图纸的左上角。小型工程往往合并在标题栏中。标题栏和会签栏附在图框上（图2-2-1）。

二、图线

图纸中的线条统称为图线。为了更好地表示园林设计图中的各方面内容，就需要采用不同的线型和宽度。园林图纸中常用的线型见表2-2-2，表中 b 可用0.4~1.2mm。

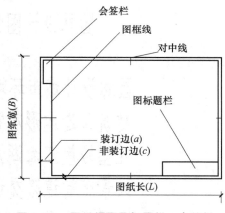

图2-2-1　图纸幅面及标题栏、会签栏

表2-2-2　常用线型

名称	线型	宽度	适用范围
粗实线	——————	b	主体外轮廓或重点部位的轮廓线
中实线	——————	$b/2$	其他轮廓线
细实线	——————	$b/4$	细部、尺寸标注
虚线	– – – – – –	$b/4$	物体被遮挡的轮廓线
折断线	——⋎——	$b/4$	物体在图面被断开、省略的部位

三、字体

文字是园林设计图纸的一部分，图纸上的图名、设计说明、材料结构等都需要书写文字，这些字体应书写正确、清晰、端正，排列美观，易于阅读。

1. 汉字

图纸中的汉字应采用国家正式公布的简化汉字，宜采用长仿宋体，大标题或图册封面可以写成其他美术字体。

长仿宋字应写成直体字，其字高与字宽的比例为3：2，字间距一般为字高的1/8~1/4，行距不少于字高的1/3，以字高的1/2为宜。字形构图要注意字形整齐、端正平稳、匀称自然。书写长仿宋字时，笔画粗细与字形宽窄应有适当的比例，不宜太细或太粗（图2-2-2）。

2. 数字及字母

图纸中常用的数字、拼音及字母需要写成直体或斜体。斜体一般向右倾斜呈75°，其宽度和高度与相应的直体相同。字宽与字高之比常为2：3，字间距为字高的1/4，书写时要求保持字的大小、间距和斜度一致，笔画圆润流畅，字体统一（图2-2-3）。

3. 字体设计

字体设计有时也可以称为"文字设计""文字造型"或"文字创意"。字体设计就是按视觉设计规律，遵循一定的字体塑造规格和设计原则对文字加以整体的精心安排，创造性地塑造具有清新、完美视觉形象的文字，使之既能传达情感，又能表现出赏心悦目的美感。

（1）字体设计的目的和意义

随着科技的发展，文字语言越来越多地被应用到各种设计作品中，文字不仅仅是用作记录、表达语言意义的工具，人们开始对其进行艺术设计，使其具有一定意义上的形式美，使

园林设计图常用长仿宋字练习

园林设计城市环境规划掇山理水植物配置
建筑营造地形观赏树木花卉绿地草丛峰峦
丘壑岭崖江海湖泊河溪涧泉沟渠自然写意
风景布局道路交通空间序列东南西北内外
上下正背平立剖面景观分析图房屋亭台楼
阁轩舫榭廊苑围厅堂别墅庭院居住区公园
广场乡村校园休闲门窗台阶墙体栏杆隔断
挑檐扶手楼梯玻璃金属基础家具匾额楹联
装饰雕塑汀步铺装小品色彩质感模型透视
鸟瞰封闭开敞过渡引申呼应形式法则比例
尺度对称均衡统一谐调节奏韵律层次骨架
重复渐变特异近似虚实疏密粗细高低曲直

图 2-2-2　长仿宋字书写范例

图 2-2-3　数字

文字更概括、生动、突出地表达它的精神含义，从而有效地吸引人们的视线，展现更深层次的艺术价值。字体设计的发展使文字有了形式上的个性魅力，通过各种联想、创意，有了新的造型形象，从而提升了整个设计作品的艺术价值，达到积极的宣传作用，给人留下深刻的印象，常常会获得明显的经济效益和社会效益。

（2）字体设计的原则

① 识别性　字体设计的主要功能是在视觉传达中向大众传递各种信息和表现设计者的

设计意图，而要使这一功能充分地体现出来则必须考虑字体的整体诉求效果，也就是设计出的字体能给人以清晰的视觉印象和视觉美感，同时还要考虑设计出来的字体是为作品的主题服务的，它的造型与排列方式必须与主题思想保持一致，避免繁杂、凌乱，要注意它的可识别性，使人易读、易懂。

② 协调性　图面上，文字与图形一起构成画面的形象要素，在设计字体时要掌握好视觉要素的构成规律，使字形与图巧妙组合，相互协调，形成合理的搭配，以便有效地吸引人们的注意力，给人留下美好的印象。

③ 创新性　在设计字体时，应该从字体的形态特征与组合上进行探求，不断修改、完善，创造出独具特色的、富有个性化和生命力的字体，给人以全新的视觉感受。

（3）字体设计的方法

① 外形设计　用具体的形象替代文字的某个部分或某一笔画，这些形象可以是写实的或夸张的，但要注意到文字的识别性。

a. 直接表现：运用具体的形象直接地表达出文字的含义。根据文字的内容意思，通过添加具体的形象来传达汉字的含义。这种形象化的设计手法增加了直观性、趣味性，给人印象深刻（图2-2-4）。

b. 间接表现：借用相关的符号或形象间接地隐喻出文字的内涵。以强调典型特征或提示的方法对文字加以艺术处理，令人回味无穷。意象化设计一般不以具体形象穿插配合，而是以文字笔画横、竖、点、撇、捺、折、勾等偏旁与结构做巧妙变化（图2-2-5）。

图2-2-4　字体设计的直接表现

图2-2-5　字体设计的间接表现

② 笔画设计　笔画的形状设计对文字形态有很大影响，通常有两种形式：一种是直接对笔画进行相应处理，例如渐变、软化处理、硬化处理等（图2-2-6）；另一种方法是在不影响文字有效识别的前提下，增减部分笔画或者共用某一笔画，使之与字意内容完美结合（图2-2-7、图2-2-8）。

③ 字体背景装饰　字体的背景装饰是在字体的背景上进行相应处理，增加图案、纹样，目的是烘托、渲染字体，使字体更加突出（图2-2-9）。

④ 整体形象化　整体形象化是指将文字的字意和形象结合为一个整体，使形象既成为传达信息的文字，又是一幅优美的画面。字画合一，最能引起观赏者的共鸣和联想（图2-2-10）。

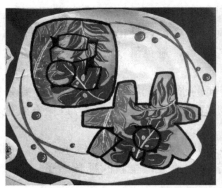 

图 2-2-6　直接对笔画进行处理

图 2-2-7　增减部分笔画　　　　图 2-2-8　共用笔画（王炳南设计的"去毒得寿"海报）

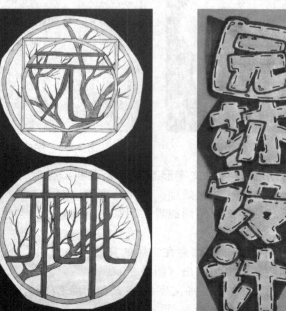

图 2-2-9　字体背景装饰

图 2-2-10　整体形象化

上述几种设计方法并不是孤立使用的，它们之间彼此联系，不可分割，在设计中应该灵活使用，只有把字体的字意、外形、笔画、结构、背景等进行完美结合的设计才是好的设计（图 2-2-11）。

图 2-2-11

第二章　风景园林制图基本知识

图 2-2-11　学生字体设计作品

四、比例尺

设计图因受图纸大小的限制，需按一定比例绘制，在设计中根据实际情况确定比例尺，能清楚表达设计内容及目的即可。比例尺可以采用数字型，如 1∶100、1∶400 的形式，字的基准线应取平，比例尺数字的字高宜比图名的汉字字高小一号或二号，也可以采用图形比例尺（图 2-2-12）。

五、指北针

图纸必须依靠指北针确定方位，在园林的总平面图及建筑的首层平面图上，一般都需要绘制指北针。普通指北针用细实线绘制直径为 24mm 的圆，指针尾部宽约 $d/8$，即 3mm，指针头部应注"北"或"N"字（图 2-2-13），还可以根据需要自行设计指北针外形（图 2-2-14），形成古典的、现代的、具有一定特色装饰的艺术图案。

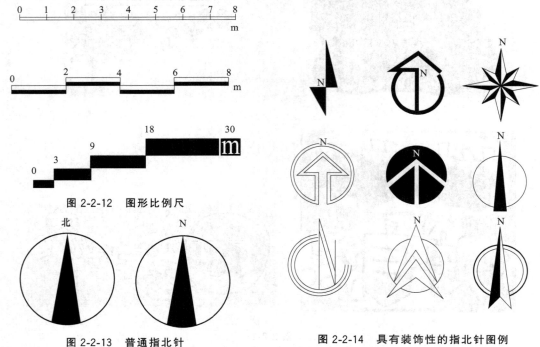

图 2-2-12　图形比例尺

图 2-2-13　普通指北针

图 2-2-14　具有装饰性的指北针图例

六、尺寸标注

制图标准中规定图样上的尺寸标注包括尺寸界限、尺寸线、尺寸起止符号和尺寸数字（图 2-2-15）。

图 2-2-15　尺寸标注示例

尺寸界限用细实线绘制，一般应与被注长度垂直，一端应离开图样轮廓线不小于 2mm，另一端超出尺寸线 2～3mm。必要时图样轮廓线可用作尺寸界限。

尺寸线用细实线绘制，应与被注长度的方向平行，且不宜超出尺寸界限。任何图形的轮廓不得用作尺寸线。

尺寸起止符号一般用中实线绘制，其倾斜方向与尺寸界限顺时针呈 45°，长度为 2～3mm。

尺寸数字书写在尺寸线的正中，尺寸线过窄可写在下方。总长度的尺寸线在外，分段的局部尺寸线在内。

七、剖切符号

如图 2-2-16 所示，剖切符号应由剖切位置线及剖视方向线组成，均应以粗实线绘制。剖切位置线的长度宜为 6～10mm；剖视方向线应垂直于剖切位置线，长度应短于剖切位置线，宜为 4～6mm。绘制时，剖切符号不应与其他图线相接触。

剖切符号的编号宜采用阿拉伯数字，按顺序由左至右、由下至上连续编排，应注写在剖视方向线的端部。

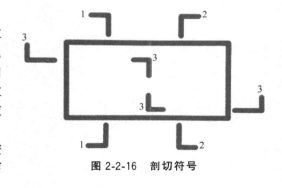

图 2-2-16　剖切符号

需要转折的剖切位置线，应在转角的外侧加注与该符号相同的编号。

八、绘图步骤

1. 准备阶段

准备好绘图工具，确定图幅大小，裁好图纸并把图纸固定在绘图板上，纸要平整，不能有凸起。

2. 画底稿

（1）选用稍硬的铅笔，如 H 型；
（2）画出图框线、标题栏、会签栏；
（3）根据设计内容在图纸上进行布局，确定构图中心，然后开始画图。

3. 上墨线

底稿线画好后，用针管笔、圆规、三角板等工具来完成，上墨线时应按照一定的顺序完成，保证没有遗漏且准确。如果出现错误，要用单面刀片轻轻刮去，再进行修改。最后对整个图纸进行全面检查，确认无误后定稿。

思考题

1. 常用的制图工具有哪些？如何正确使用它们？
2. 绘制园林图纸时的基本制图常规有哪些？
3. 园林图纸上的字体有什么要求？
4. 绘图步骤有什么？

第三章

风景园林设计与构成

　　风景园林设计和绘画艺术创作有着密切的联系，无论是园林设计还是艺术创作都离不开艺术构图和艺术创作的灵感。两者同样需要创作者具有很高的艺术修养和对生活的热爱，园林艺术工作者需要对自然中的材料重新赋予生命，以艺术创作的形式合理地表现出来。这是一种高度凝萃的艺术思维，在设计过程中既要考虑到实际场地的功能性，又要把艺术美的形式诠释得自然天成，注重人在环境空间中的真实感受。设计者想要营造一个"活"的园林空间，利用材料、设计元素、造型的基本形式、形式美法则重造园林空间，通过视觉元素传达设计者的思想、精神内涵，使得园林与人有一种潜在的交流，营造自然与人和谐共处的健康空间。园林构成艺术是三维的空间艺术，是平面构成和色彩构成的延伸，是立体构成艺术完美的体现，是将视觉艺术延伸为触觉艺术的一种构成形式。园林作品通过不同的观察角度和不同群体的使用，使艺术空间呈现出多面的状态。

第一节　平面构成

一、平面构成的基本概念

1. 平面构成的概念

　　平面构成是一门视觉艺术，是在平面上运用视觉反应与知觉作用形成的一种视觉语言，按照一定的构成原理，将点、线、面等造型要素在平面上进行排列、组合，构成具有装饰美感的画面，从而创造出新的视觉形象。

2. 针对概念的具体解析

　　形态——点，线，面

　　形式美的法则——统一，均衡，比例，尺度，韵律

　　构成形式——重复，渐变，变异，密集，肌理，对比，近似，对称，图底关系，旋转

3. 平面构成的起源

　　1919年在德国魏马成立的一所设计学院——德国包豪斯设计学府，是世界上第一所为培养现代设计人才而建立的学院。虽然仅存14年，但对德国乃至世界的现代设计及其教育的影响不可估量。平面构成作为一门设计基础课的教育，即始于此包豪斯学院的设计课程改革。包豪斯学院在理论和实践上奠定了现代设计教育体系，培养出大批优秀的设计人才，成为20世纪初欧洲现代主义设计运动的发源地。平面构成形态要素中主要包括造型要素和形式要素。在物质世界中的动植物、产品都具有特定的形式，物质所特有的外在特征产生固有的、独立的形象，具有符号认知效用。

二、平面构成的基本要素

　　从构成的层面上完全可以把独立的视觉形象分为视觉元素，即点、线、面、体、色彩、光影、材质等因素，这就是造型要素。而在平面构成中的形态要素主要是指点、线、面。

1. 点

（1）点的定义和存在形态

"点"是一切形态的基础。很多物体都是由无数个点汇聚而成的。在浩瀚的宇宙中，无论是地球还是其他行星，都不过是宇宙间的一个点；天安门广场前的人是无数个点；天黑时万家灯火，是无数个点；广袤的森林也是由大树小树这样的点汇集而成的。从微观世界到宏观世界，从具象到抽象，点无处不在。在园林设计中，点不单单是点缀空间，更是线的开端、面的集合。我们利用点来参考其他物体的高度，利用点来突出中心。孤植的树是点，为了营造大树的空间，可以在空旷的地方栽植树形优美、姿态奇异、花叶颜色独特、有较高的欣赏价值的树。例如我国湛江地区园林中可以种植木棉、凤凰木、香柏、雪松、云杉、大叶紫薇、美丽异木棉、菩提树、悬铃木、荔枝、龙眼、芒果、番石榴等。景观小品也是点，点缀、装饰绿色空间（图3-1-1～图3-1-3）。

图 3-1-1　草坪装饰物

图 3-1-2　远处的孤植树

图 3-1-3　厕所假花点装饰

（2）点的构成形式

越小的形体越能给人以点的感觉。

① 大小、疏密、虚实不同的点放在一起，使之成为一种散点式的构成形式（图3-1-4）。

② 同样大小的点有规律地排列时，会产生一种移动感（图3-1-5）。

③ 将点由大到小，按照一定方向、轨迹排列，会产生一种优美的韵律感（图3-1-6）。

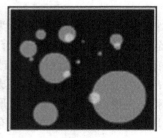
图 3-1-4　散点式

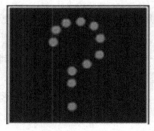
图 3-1-5　移动感

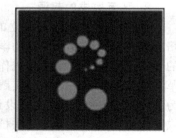
图 3-1-6　韵律感

④ 当不同大小的点有目的地进行密集、分散的排列，会产生点的面化感觉（图3-1-7）。

⑤ 将大小一致的点以相对的方向，逐渐重合，会产生微妙的动态视觉（图3-1-8）。

⑥ 不规则的点能形成活泼或意料之外的视觉效果（图 3-1-9）。

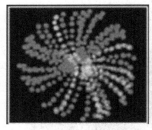
图 3-1-7　点的面化

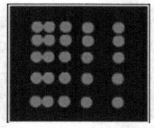
图 3-1-8　动态视觉

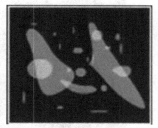
图 3-1-9　不规则的点

2. 线

（1）线的定义和存在形态

线是具有位置、方向和长度的一种几何体，线是点移动的轨迹。当点按一定的方向运动时，就形成了直线。垂直的线刚直、有升降感；水平的线静止、安定；斜线飞跃、积极。直线具有男性的特征，它有力度、相对稳定，水平的直线容易使人联想到地平线。

当点有规律有节奏地改变运动轨迹时，就形成了折线；当点的移动方向不断地渐次改变时，就形成了曲线。曲线优雅、动感，具有女性化的特点和柔软、优雅、病态的感觉。曲折线具有不安定的感觉（图 3-1-10～图 3-1-15）。

（2）线的构成形式

a. 面化的线：等距离地密集排列

b. 疏密变化的线：使线条明显地趋向于面的视觉效果。把线按不同的距离进行平行排列，产生透视空间的视觉效果。

c. 粗细变化的线：产生虚实空间的视觉效果。

d. 错觉化的线：将原来较为规范的线条排列作一些切换变化。

e. 立体化的线：将线条方向作一些调整，产生立体的视觉效果。

f. 不规则的线：形式和种类非常多，可以产生质感、空间感等视觉效果。

3. 面

面是由点和线共同构成。面具有充实、厚重、整体、稳定的视觉效果。

图 3-1-10　直线光源

图 3-1-11　变化的直线

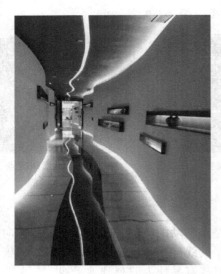
图 3-1-12　曲线光源

图 3-1-13　直线、曲线结合

图 3-1-14　有弧度的直线园路

图 3-1-15　有弧度的曲线园路

① 几何形的面，表现规则、平稳、较为理性的视觉效果。

② 自然形的面，不同外形的物体以面的形式出现后，给人以更为生动、厚实的视觉效果。

③ 有机形的面，得出柔和、自然、抽象的面的形态。

④ 偶然形的面，自由、活泼而富有哲理性。

⑤ 人造形的面，具有较为理性的人文特点。

图 3-1-16 中扇面的停车场构图，将扇形半圆面与停车位的矩形面完美结合在一起，远看像扇子的折页，设计灵感也是来自生活中的小细节。两侧延伸的两条道路采用了有机的曲

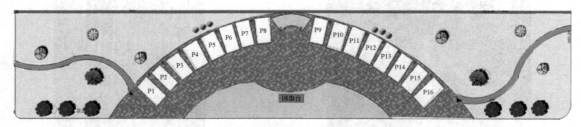
图 3-1-16　天物板材厂区扇面形式的停车场设计

线面造型，将道路两侧的七棵彩色灌木穿插进整个绿化空间中。

图 3-1-17 与图 3-1-18 是完全两种不同视觉效果的面。图 3-1-17 是一种自然形的大曲面，所处环境是我国湛江市的海滨公园，其设计目的是要体现岸边和水面浑然一体的自然感，图中两个小象和三条小鱼的立面造型呈现出活泼可爱、温馨互动的活动空间，所以水面要更接近自然，宛若天成。图 3-1-18 是我国湛江市喜来登酒店负一层的普瑞美温泉会所，设计者要营造一种高端、大气、国际标准的现代感，人造形的水面为温泉会所营造出了普瑞美集团的企业文化，融合了一种怀抱湛江、立足湛江的服务意识。

图 3-1-17 海滨公园自然形水面

图 3-1-18 普瑞美温泉泳池人造形水面

图 3-1-19～图 3-1-22 所示为几何形的面，表现平稳，视觉效果较理想。

图 3-1-19 直线面　　图 3-1-20 几何面　　图 3-1-21 曲线面　　图 3-1-22 几何曲线面

三、平面构成的基本形式

1. 骨格的基本概念

骨格就如人体的骨架支撑着人的全身，它是指支撑形象的内在支干、构架，是构成图形的骨架和格式，它决定了图形在空间中的格式与表现。图形可通过骨格在空间中获得有序的呈现（图 3-1-23～图 3-1-25）。

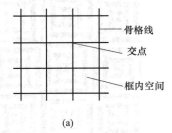 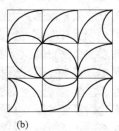

(a)　　　　　　　　　(b)

图 3-1-23 骨格与基本形

图 3-1-24　基本形填充（1）

图 3-1-25　基本形填充（2）

小时候我们写字一般都要在方格里写，如果是一张白纸摆在我们面前，我们为了把字写得整齐，都会用铅笔在上面打上格子，至少要画上线，其实，这种为了将图形元素有秩序地进行排列而画出的有形或者无形的格子、线、框，就是骨格。

将基本形圆形、三角形、无规则图形、点、线、面的各种形式填充在基本骨格内，会形成特殊的艺术效果（图 3-1-26、图 3-1-27）。

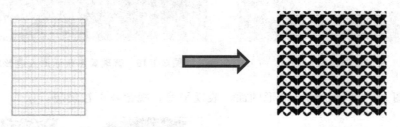

图 3-1-26　田字格　　　　　　　图 3-1-27　骨格基本形填充

2. 平面构成的基本形式简介

（1）重复

相同或近似的形态和骨格连续地、有规律地、有秩序地反复出现叫重复。重复的形式就是把视觉形象秩序化、整齐化，在图形中可以呈现出和谐统一、富有整体感的视觉效果。在设计中连续不断使用的同一元素，称为重复基本形，可使设计产生绝对和谐统一的效果。大的基本形重复，产生整体构成的力度；细小密集的基本形重复，产生形态肌理的效果（图 3-1-28、图 3-1-29）。

图 3-1-28　同一方向重复

图 3-1-29　基本形 45°重复

单个基本形按照图底关系黑白互换，互换后产生的两个基本形交替排列。按照这种排列关系形成的图形，如果图底关系面积相差较大，可形成较强的黑白对比。若面积相差较小，则形成黑白等量均一的肌理效果（图 3-1-30、图 3-1-31）。

图 3-1-30　基本形颠倒黑白、方向重复

图 3-1-31　基本形黑白重复

（2）近似

近似构成指的是在形状、大小、色彩、肌理等方面有着共同特征，它表现了在统一中呈现生动变化的效果。近似的程度可大可小，如果近似的程度大就产生了重复感。近似程度小就会破坏统一（图 3-1-32～图 3-1-34）。

图 3-1-32　近似构成

图 3-1-33　近似漏窗

图 3-1-34　近似地面

（3）渐变

渐变是指类似的基本形和骨格，渐次地、循序渐进地变化，呈现一种有阶段性的、调和的秩序。渐变是在条理性和重复性的基础上适当地进行长短、粗细、造型、色彩方面的变化，产生节奏感和韵律感，能够更好地表达物体从大到小、从远到近、从强到弱、从曲到直、从具象到抽象等多种空间视觉效果。

① 渐变构成形式

即把基本形体按大小、方向、虚实、色彩等关系进行渐次变化排列的构成形式（图 3-1-35～图 3-1-39）。

渐变构成的应用：在日常生活中，像园林道路的铺装、草坪、云南少数民族手工艺扎染作品等，都会运用到渐变构成，使得空间富有变化性和生命感（图 3-1-40～图 3-1-42）。

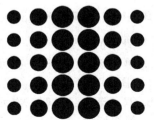

图 3-1-35　形状的大小、方向渐变

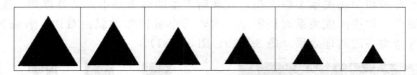

图 3-1-36　形状的大小渐变

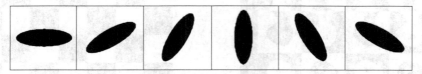

图 3-1-37　形状的方向渐变

图 3-1-38　位置渐变

图 3-1-39　色彩、明暗渐变

图 3-1-40　铺装的渐变

图 3-1-41　草坪的渐变

图 3-1-42　扎染的渐变

② 骨格的渐变

a. 单元渐变：也称一次元渐变，即仅用骨格的水平线或垂直线做单向序列渐变（图 3-1-43、图 3-1-44）。

b. 双元渐变：也叫二次元渐变，即两组骨格线同时变化。如图 3-1-45、图 3-1-46 所示。

c. 等级渐变：如图 3-1-47 所示，将骨格做竖向或横向整齐错位移动，产生梯形变化。

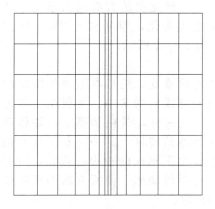

图 3-1-43　骨格垂直方向渐变

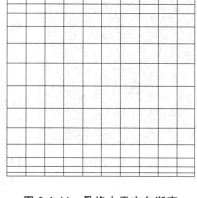

图 3-1-44　骨格水平方向渐变

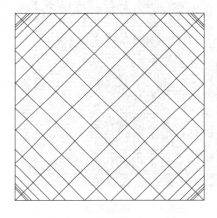

图 3-1-45　骨格交叉方向渐变

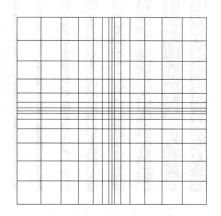

图 3-1-46　骨格垂直交叉渐变

d. 折线渐变：如图 3-1-48 所示，将竖的或横的骨格线弯曲或弯折。

图 3-1-47　骨格等级渐变

图 3-1-48　折线渐变

e. 联合渐变：如图 3-1-49 所示，将骨格渐变的几种形式互相合并使用，成为较复杂的骨格单位。

图 3-1-49 联合渐变

f. 阴阳渐变：使骨格宽度扩大成面的感觉，使骨格与空间进行相反的宽度变化，即可形成阴阳、虚实的转换。如图 3-1-50、图 3-1-51 所示。

(4) 发射

发射是一种特殊的重复，是基本形或骨格单位环绕一个或多个中心点向外或向内集中。发射也可以说是一种特殊的渐变，同渐变一样，骨格和基本形要做有序的变化。发射有两个基本的特征：其一，发射具有很强的聚焦，这个焦点通常位于画面的中央；其二，发射有一种深邃的空间感、光学的动感，使所有的图形向中心集中或由中心向四周扩散。

图 3-1-50 阴阳渐变 (1)

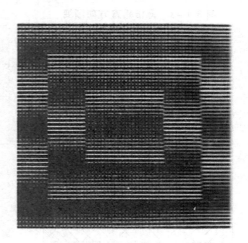

图 3-1-51 阴阳渐变 (2)

(a) 中心式发射

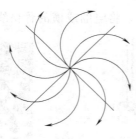

(b) 螺旋式发射

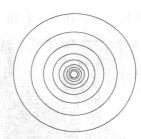

(c) 同心式发射

图 3-1-52 发射的类型

发射构成主要表现为中心式发射、螺旋式发射、同心式发射等（图 3-1-52）。发射构成范例如图 3-1-53 所示。

(5) 特异

① 特异的概念

特异是规律的突破，在规律性骨格和基本形的构成内，变异其中个别骨格或基本形的特征，以突破规律的单调感，使其形成鲜明反差，造成动感，增加趣味。特异在平面

图 3-1-53　发射构成范例

设计中有着重要的位置，容易引起人们的心理反应。如：特大、特小、特亮，突变、逆变，所产生独特、异常现象，对视觉的刺激，有振奋、震惊、奇特、置疑的作用。如图 3-1-54 所示。

图 3-1-54　特异

② 特异的形式

大部分基本形都保持着一种规律，其中，一小部分违反了规律和秩序，这一小部分就是特异基本形，它能成为视觉中心。分为大小特异、色彩特异、位置特异、形状特异、方向特异、肌理特异、骨格特异、形象特异等。

a. 大小特异：通过增大某一基本形的面积，导致大小悬殊，强化基本形的形象，使形象更加突出、鲜明，也是最容易运用的特异。如图 3-1-55 所示。

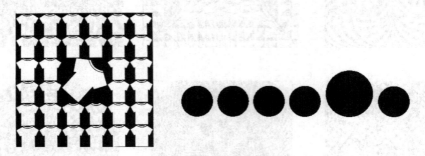

图 3-1-55　大小特异

b. 色彩特异：通过改变某一基本形色彩的色相、明度或纯度，创造特异效果。如彩图 3-1-56 所示。

c. 位置特异：通过改变某一基本形所处的位置，形成特异效果。

图 3-1-57　位置特异

d. 形状特异：通过改变某一基本形形状的直曲、繁简等特征创造特异效果。

图 3-1-58　形状特异

e. 方向特异：通过改变某一基本形的方向，形成特异效果。

f. 肌理特异：通过改变某一基本形表面的质感及纹理形成特异效果。

g. 骨格特异：即规律的转移。规律性的骨格小部分发生变化，形成一种新的规律，并与原规律保持有机的联系，这一部分就是规律转移。如图 3-1-59 所示。

h. 形象特异：这里是指具象形象的变异。这种方法主要是对自然形象进行整理和概括，夸张其典型性格，提高装饰效果。另外还可以根据画面的视觉效果将形象的部分进行切割，重新拼贴。特异还可以像哈哈镜一样，采用压缩、拉长、扭曲形象或局部夸张手段来设计画面，会有意想不到的效果。如图 3-1-60 所示。

四、平面构成与风景园林设计

1. 点元素的园林应用

如图 3-1-61～图 3-1-73 所示。

图 3-1-59　规律转移

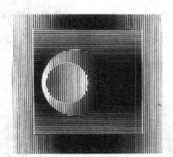
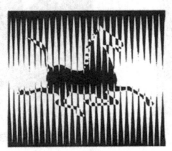

图 3-1-60　形象特异

图 3-1-61　活泼的点　　　　　　　　图 3-1-62　可爱的点

图 3-1-63　装饰灯　　　　　　图 3-1-64　云南茶室　　　　　图 3-1-65　点状花材

图 3-1-66　点状植物　　　　　　　　　　图 3-1-67　自然的点

图 3-1-68　远处鲸鱼造型的点元素——视线的吸引　　图 3-1-69　云南茶室点元素——框景和漏景

图 3-1-70　点元素的大叶紫薇

图 3-1-71　湛江明粤公寓酒店停车场灌木紫薇——点元素排列

图 3-1-72　湛江机场路叶子花点元素

图 3-1-73　湛江市"城市假日"居住区门前叶子花点元素

2. 线元素的园林应用

如图 3-1-74～图 3-1-79 所示。

图 3-1-74　直线元素应用（1）

图 3-1-75　曲线元素应用（1）

图 3-1-76　直线元素应用（2）　　　　图 3-1-77　曲线元素应用（2）

图 3-1-78　直线元素应用（3）　　　　图 3-1-79　曲线元素应用（3）

3. 面元素在园林中的应用

如图 3-1-80～图 3-1-88、彩图 3-1-89、图 3-1-90～图 3-1-103 所示。

图 3-1-80　校园醒目红色景观桥曲面元素　　图 3-1-81　湛江喜来登温泉蓝色水面元素

图 3-1-82　面元素（1）

图 3-1-83　面元素（2）

图 3-1-84　面元素（3）

图 3-1-85　面元素（4）

图 3-1-86　面元素（5）

图 3-1-87　面元素（6）

图 3-1-88　沈阳植物园国际展园——面元素

第三章　风景园林设计与构成

图 3-1-90 湛江金沙湾商场下沉广场曲面元素

图 3-1-91 面的转折——位移

图 3-1-92 规矩的面和自然的面对比

图 3-1-93 人行道面的元素

图 3-1-94 曲面和矩形面结合

图 3-1-96 湛江碧桂园泳池水面——曲线面

图 3-1-95 御景名城的入户铺装

图 3-1-97　京基大厦门前波光粼粼的水面

图 3-1-98　碧桂园展示区平面图——面的元素

图 3-1-99　湛江京基城 4 期居住区活动中心的点、线、面协调

图 3-1-100　湛江喜来登酒店后花园
　　　　　　汀步——面的重复构成

图 3-1-101　圆、点、曲线结合

第三章　风景园林设计与构成

图 3-1-102　自然的大块面元素

图 3-1-103　杭州八卦田墙面

第二节　立体构成

　　立体构成广泛应用于建筑设计、商品、产品、工业设计等。立体构成也称为空间构成，是用一定的材料，以视觉为基础、力学为依据，将造型要素按照一定的构成原则，组合成美好的形体的构成方法。整个立体构成的过程是一个分割到组合或组合到分割的过程。任何形态可以还原到点、线、面，而点、线、面又可以组合成任何形态。立体构成的探求包括对材料形、色、质等心理效能的探求和材料强度的探求，加工工艺等物理效能的探求这样几个方面。立体构成是对实际的空间和形体之间的关系进行研究和探讨的过程。

一、立体构成的六个要素

1. 逻辑要素

　　"逻辑"一词的主要含义是：①思维的规律性；②客观的规律性。众所周知，无论做什么事，思维首先应该是清晰的，有计划、有条理和有目的的，并尊重客观规律，这样才能使所做的事尽善尽美。立体构成从构思到实现，都需要讲求逻辑性，因为它有着明确的目的和价值；或作为基础训练，或实际应用，所以绝不应有所谓"下意识"的或漫无目的的构成活动出现。否则，立体构成将会失去自身的价值，逻辑要素在所有的设计与创作中，都起着最明智的总导演作用。

2. 形式美的要素

　　"美"的概念，在美学中的含义很广，既指事物的内容，又指事物的表现形式。人们评定和鉴赏一件构成作品的优劣，往往习惯以它给人的"美感"来反映。"美"在立体构成中，成为一种实体的、感性的东西存在，是一个具有特殊规律性的内容和形式的统一体。在这个统一体中，美的内容处处表现于具体的形式之中，这种具体的形式也即我们所称的"形式美"。它的基本内容如下。

（1）统一与变化

　　统一与变化是艺术造型中应用的最多、也是最基本的形式规律。完美的造型必须具有统一性，统一可以增强造型的条理及和谐的美感，特别是对立体构成而言，失去了"统一"，作品会像一堆废墟，杂乱无章地堆积在一起，是无艺术美而言的。但只有统一而无变化，又会造成单调、呆板、无情趣的效果，因此必须在统一中加以变化，以求得生动的美感。

（2）对称与平衡

　　对称，也叫作均齐。在建筑、图案等领域中广泛应用。最常见的对称形式有左右对称（上下对称）和放射对称。左右对称又称线对称，即以中心线为对称轴，线的两边形象完全一样。放射对称的形式为：有一个中心点，所有的开支都从点的中央向一定的发射角排列造型。它有较强的向心力。如盛开的花心、雨伞架、风车等，都属放射对称形体。对称的造型具有安静、庄严的美，在视觉上很容易判断和认识，记忆率也高。平衡与对称不同，它不是从物理的条件出发，而是指在视觉上达到一种力的平衡状态，虽然形体的组合并不是对称的，但却能给人以均衡、稳定的心理感受。或者说，此处的平衡是指形体各部分的体积给人在心理上感到的相互间达到稳定的分量关系。

对称与平衡的区别是：平衡较对称更显得活泼、多变化；对称则较平衡更显得肃穆、端庄。

（3）对比与调和

对比，是强调表现各种不同形体之间彼此不同性质的对照，是充分表现形体间相异性的一种方法。它的主要作用在于使造型产生生动活泼或亢奋的效果。对比构成形式对人的感官刺激有较高的强度。例如大的与小的形体构成在一起会形成对比，大的显得更大，小的显得更小；方的与圆的形体组织在一起，会充分地显示直线体的端庄和曲线体的丰满、生机勃勃；曲面体与直线体在一起，直线体显得更加纤细、尖锐而敏捷，曲面体则更显得膨胀、柔和而稳重；垂直的立体与水平的立体放在一处会显得高的更高、矮的更矮；此外，还有粗壮的与纤细的形体相对比，黑色块体与白色块体的对比……无疑，对比的内容与形式是十分丰富的。

如果重点考虑空间与时间对比的影响，对比的形式还有如下三种状况。

a. 并置对比：所占的空间较小，即相互呈对比状态的形体较集中地放置，使人的视域中心一下子就能包容。这样的对比效果较强烈，容易引起人们的注意和兴趣，常常成为造型的焦点所在和趣味中心。

b. 间隔对比：是一种较调和的对比形式，是指将相互呈对比形式的形体之间隔开一定的距离，这种形式一般不易产生构成的焦点，而只能是重点间的响应。运用得当，易创造良好的装饰效果，并起到平衡的作用。

c. 持续对比：这种对比包含了先后次序的时间因素，使对比作为更强烈的印象被感觉到。

（4）节奏与韵律

节奏，确切地说是音乐中交替出现的有规律的强弱、长短的现象。人们也用它来比喻均匀的有规律的工作进程。在造型艺术中强调节奏感会使构成的形式富于机械的美和强力的美。富于节奏感的形象在我们周围处处可见。富于节奏感的现象更是多见，如一下接一下的抡锤劳作、舞蹈中连续反复的动作等。由此可见，同一单位的形象或同一种动作规则地加以反复能产生节奏感。

3. 形式要素

粗犷的、清秀的、奇险的、安定的、庄严的、活泼的、透明的、流动的、有生命力的、冷漠的……不同的形态，造成不同的感受，许多形态往往同时肩负功能要求。立体构成以及一切设计活动都需要从本质及关键概念出发，去寻找符合既定逻辑的形体，要有所创新和创造。

形态可作如下分类。

① 自然形态：存在于自然界的一切可视或可触摸的物质形态，即自然生成的形态；
② 人工形态：经过人的加工、创造而成的物质形态。

其中人工形态根据造型特征可分为具象形态和抽象形态。

a. 具象形态：没有经过概括提炼的客观存在的形态，是外在世界的直接反应。
b. 抽象形态：用造型要素点、线、面等经过高度概括与提炼而形成的非具象立体形态。

作为要素的提出，最终要解决的问题是：如何创造新形态（现实形态）；或者说，面对一个主题，是否能设计出众多的形态和正确选择最满意的形态。

4. 空间要素

用哲学的观点解释空间概念为：凡实体以外的部分都是空间，它无形态，不可见。但在造型艺术中，空间概念却是另一回事，它是指在立体形态占有的环境中，所限定的空间的"场"，即指实体与实体之间的关系所产生的相互吸引的联想环境（也称心理空间）。像平面构成中的"正形"与"负形"一样，如果把立体构成中的形体看作"正体"，那么空间就是"负体"，它对构成的效果乃至形象是有影响的，空间绝不等于空虚的间隙。

5. 材料要素

在立体构成中，材料也是一项主要因素，特别是立体构成所使用的材料是无特定的，不同立意的构成所选择的材料应该是不同的，应选择最能贴切、完美地表达某种立意的构成材料。

（1）材料的种类

① 以质地不同分类

a. 金属材料：如铁、铜、锌、铝、银……

b. 非金属材料：如土、木、竹、石、布、玻璃、陶瓷……

c. 高分子材料：如塑料、橡胶、合成纤维……

② 以物理特征不同分类

弹性材料、脆性材料、硬性材料、塑性材料、黏性材料、透明材料、半透明材料、轻质材料、重质材料、液态（流体）材料……

③ 以基本形态不同分类

类型材料：如粒材、线材、板材、块材……

（2）立体构成训练中的常用材料

在立体构成训练中，可用的材料很多，制作者可根据现有的物质条件和加工条件，选择最能表现构成内容的理想材料。常用的材料如下。

a. 粒材：小塑料球、皮球、玻璃球、小木块、卵石、敲打或切碎而成的各类粒材。

b. 线材：铁线、塑料皮导线、塑料管、吸管、木条、毛线等。

c. 板材：木板、砖块、黏土、发泡水泥砖以及用板材做的中空块体等。

除以上介绍的材料范围外，制作者随时随处都可能发现更适合自己作业的新材料，在选用材料时，无论是需经加工的还是取其自然形态直接用的，都要同时考虑材料与工艺之间的配合关系，同时也要充分发挥材料美的作用。

6. 肌理要素

物体表面的感觉、形态，如手感、纹理、质地、性质、组织形式、凸凹程度等，概括起来叫做肌理。在造型艺术中，肌理起着装饰性或功能性的作用，不容忽视。从人感受肌理的方式而论，肌理可分为触觉肌理和视觉肌理两类。肌理的产生，有的是自然生就的，如树皮、木纹、石块，有的是经技术加工人为创造出来的。因此，从肌理的形成过程而论，肌理又可分为天然肌理和人工肌理两大类。

形体与肌理是密不可分的关系，肌理起着加强形体表现力的作用：粗的肌理具有原始、粗犷、厚重、坦率的感觉；细的肌理具有高贵、精巧、纯净、淡雅的感觉；处于中间状态的肌理具有稳重、朴实、温柔、亲切的感觉。天然的肌理显得质朴、自然，富于人情味；人工的肌理形形色色，可以随人心愿地创造，以确切地表现各种效果。

二、立体构成的基本形式

立体形态无论是人工的还是自然的，出于构成理论的需要，都可归纳为粒体、线体、面体、块体这四种最基本的形态（如平面构成的基本形态是点、线、面）。用它们分别可以构成点限空间、线限空间、面限空间、体限空间。此四种构成形式，为立体的基本构成形式。

1. 点限空间（粒体构成）

点限空间（粒体构成）是由相对集中的粒体构成的立体空间形式。它给人以活泼、轻快和运动的感觉特征。粒体，具有点的造型形式特点，在立体构成中是形体的最小单位。只要是相对小的形体，粒体的形象可以是任意的。就如同衣服上的扣子，虽然起着点缀的作用，但其造型可以是形形色色的。

点限空间构成中，粒体的大小不允许超过一定的相对限度，否则它就会失去自身的性质而变成块体的感觉了。用众多数量的粒体进行构成时，要处理好它们之间的大小、距离和疏密、均衡关系。通常，用粒体进行构成，需要与线体或面体、块体等配合，才能赖以支撑、附着或悬吊。近年来兴起的动态立体艺术更多地采用点限空间的形式。而一经加入动的因素，点限空间的空间感觉特征就更加强烈了。

2. 线限空间（线体构成）

线限空间（线体构成）是通过线体的排列、组合所限定的空间形式。它具有轻盈、剔透的轻巧感。可以创造出朦胧的、透明的空间效果，其风格比较抒情，故常直接用于装饰环境的空间雕塑。如将线的形态（粗、细、截面、方、圆、多角、异形的线等），构成方法和色彩诸因素充分调动，将会创造出各种不同意趣的空间形象。

在立体构成中，线体比粒体的表现力更强、更丰富。比如直线体具刚直、坚定、明快的感觉，曲线体具有温柔、活跃、轻巧的感觉。当然，这是总的表情特征，因为线体的粗细不同，还相应有各具特色的表情，如略粗的直线体构成会显得沉着有力；细的直线体构成会显得脆弱、敏捷、秀丽等。线体无论曲、直、粗、细，与块体相比，它给人的感觉都是轻快的。线体的构成，肯定带有很多空隙，这些空隙是不可忽视的空间形态。线体构成的杂乱，会造成混乱的空间，就不会使构成具有充实的空间感和有层次的美。在线体的构成中，起主要作用的因素是长短、粗细、方向。

3. 面限空间（面体构成）

面限空间（面体构成）是用面体限定空间的形式。它可分为平面空间和曲面空间两类。由于面体的形态可以是无数种的，所以面限空间可以构成各种各样的空间形态。用它可以创造出表达各种意境、形式、功能的空间。面体给人一种向周围扩散的力感，或称张力感。这也是由于它所具有的薄厚程度与幅面的特征所决定的。如厚度过大，就会使其丧失自身的特征而失去张力，显得笨重。用面体进行构成，每块面体的厚度与正面形态都应首先确定下来，在将它们组织到一个空间内时，要着重研究、处理好这几个方面的问题：面体与面体的大小比例关系、放置方向、相互位置、距离的疏密。要根据预定的构成目的，调整好诸体之间的关系，以达到最佳的预期效果。

4. 体限空间（块体构成）

体限空间（块体构成）是用具备三次元（长、宽、高）条件的实体限定空间的形式。块体没有线体和面体那样的轻巧、锐利和张力感，而给我们的感觉是充实、稳重、结实有分量感的，并能在一定程度上抵抗外界施加的力量，如冲击力、压力、拉力等。

三、立体构成与风景园林设计

立体构成艺术作为创造立体和空间形态的一种造型活动，对园林设计起着重要的作用。

1. **粒体构成在园林中的应用**

园林设计中应用的粒体不仅是最小的形体单位，而且还包含点的形式特点。粒体在形象的设计上是非常随意的。粒体在园林设计中可以联想为多种形状的树木，如圆球形、伞形等，甚至可以联想为圆柱形的。粒体集中起来构成的空间，可以给人享受到轻快、活泼和充满乐趣的氛围感。粒体在园林的设计中虽然占据着很小的空间位置，但是却可以起到画龙点睛的作用。如图3-2-1所示。

图 3-2-1　粒体的运用

2. **线体构成在园林中的应用**

线体可以由不同的形态来组成，其展现出来的视觉效果也是迥异的，如图3-2-2所示。

图 3-2-2　线体的运用

3. **面体构成在园林中的应用**

面体是一种可以对空间进行限定的立体构成方式，曲面或平面空间是线体的两种体现形式。因为面体可以展现各种形式的状态，所以空间的限定及构成也随之展现多种形态。在园林设计时，若能把握好面体的运用，就可以营造出很多种形式、意境及空间（图3-2-3）。

4. **块体构成在园林中的应用**

因为体的形态是无限多的，所以用它来限定和创造空间，几乎是无所不能的。如建筑群落限定的空间；公园里被精心修剪成各种几何形体的树木群体间的错落有致的空间；考究的室内陈设、广场中央屹立的纪念碑等都是人为创造的体限空间（图3-2-4）。

图 3-2-3　面体的运用

图 3-2-4　块体的运用

第三节　色 彩 构 成

一、色彩构成的基本知识

色彩构成（interaction of color），即色彩的相互作用，是从人对色彩的知觉和心理效果出发，用科学分析的方法，把复杂的色彩现象还原为基本要素，利用色彩在空间、量与质上的可变幻性，按照一定的规律去组合各构成之间的相互关系，再创造出新的色彩效果的过程。色彩构成是艺术设计的基础理论之一，它与平面构成及立体构成有着不可分割的关系，色彩不能脱离形体、空间、位置、面积、肌理等而独立存在。

（1）色彩三要素（elements of color）

色彩可用色相（色调）、饱和度（纯度）和明度来描述。人眼看到的任一彩色光都是这三个特性的综合效果，这三个特性即是色彩的三要素，其中色调与光波的波长有直接关系，亮度和饱和度与光波的幅度有关。

第三章　风景园林设计与构成

① 明度

表示色所具有的亮度和暗度被称为明度。计算明度的基准是灰度测试卡。黑色为0，白色为10，在0～10之间等间隔地排列成9个阶段。色彩可以分为有彩色和无彩色，但后者仍然存在着明度。作为有彩色，每种色各自的亮度、暗度在灰度测试卡上都具有相应的位置值。彩度高的色对明度有很大的影响，不太容易辨别。在明亮的地方鉴别色的明度是比较容易的，在暗的地方就难以鉴别。

② 色相

色彩是由于物体上的物理性的光反射到人眼视神经上所产生的感觉。色的不同是由光的波长的长短差别所决定的。作为色相，指的是这些不同波长的色的情况。波长最长的是红色，最短的是紫色。把红、橙、黄、绿、蓝、紫和处在它们各自之间的红橙、黄橙、黄绿、蓝绿、蓝紫、红紫这6种中间色——共计12种色作为色相环。在色相环上排列的色是纯度高的色，被称为纯色。这些色在环上的位置是根据视觉和感觉的相等间隔来进行安排的。用类似这样的方法还可以再分出差别细微的多种色来。在色相环上，与环中心对称，并在180°的位置两端的色被称为互补色（彩图3-3-1）。

③ 饱和度

用数值表示色的鲜艳或鲜明的程度称之为彩度。有彩色的各种色都具有彩度值，无彩色的色的彩度值为0，对于有彩色的色的彩度（纯度）的高低，区别方法是根据这种色中含灰色的程度来计算的。彩度由于色相的不同而不同，而且即使是相同的色相，因为明度的不同，彩度也会随之变化的。

(2) 色彩构成的基本法则

① 色彩的均衡

均衡是形式美的基本法则之一。从物理学上讲，是左右相对称的状态；从造型艺术上讲，是作为要素的形、色、质等在视觉中心轴线两边的平衡，以及视觉上获得的安定感。色彩构图的均衡并不一定是各种色彩所占有的量，包括面积、明度、纯度、强弱的配置绝对的平均布局，而是依据画面的构图，取得色彩总体感觉上的均衡（彩图3-3-2）。

② 色彩的节奏与韵律

在造型艺术中，形体的大小比例，起伏变化以及色彩的冷暖、明暗、浓淡、强弱、调子的虚实，都能构成不同的节奏和韵律。

节奏是建立在重复基础上空间连续的分段运动形式，并由此表现出形与色的组织规律性。它是构成美的基本形式之一，从配色角度来看，节奏的规律形式可分为重复节奏和渐变节奏两种基本类型。

韵律是在节奏之上所要达到的更高境界。它不像节奏那样具有明显的格式化规律可循，而是在节奏的运动规律之上体现为一种内在的秩序，具有多样性的变化，可以说是重复节奏和渐变节奏的自由交替。它的规律往往隐藏在内部，从表面上看似乎是一种自由表现形式，实际上则体现着组织的内在规律性（彩图3-3-3）。

③ 色彩的单纯化

色彩单纯化是指在配色过程中色彩统一性倾向的表现。色彩单纯化的配色原则，主要表现在色彩配色过程中色彩的"整体划一"和"高度概括"两方面。

④ 色彩的主次

一幅色彩设计往往需要多种色彩搭配构成，在这些色彩的组织搭配中有一些色处于画面的主要地位，起到主导色彩的作用，我们把这种色称为"主色"；其他色则处于相对次要的地位，起到陪衬主色的作用，我们把这类色称为"宾色"。主宾色的搭配，构成了色彩视觉的基本层次。

⑤ 色彩的呼应

色彩的呼应在色彩设计中表现为各种颜色不应孤立地出现在画面的某一方，而应在与它相对应的一方（如前后、上下、左右等）配以同种色或同类色构成呼应关系。色彩的呼应有两种基本形式：局部呼应和整体呼应。

⑥ 色彩的点缀

色彩的点缀是利用色彩面积强对比的手法，以小面积的鲜亮色在大面积的灰暗色调中加以点缀，从而达到激活画面的效果。点缀色在色彩构成中具有"画龙点睛"的神奇效果。

⑦ 色彩的互补

任何一色都有与其相对应的补色，在色相环中相隔180°左右的色相都是互补色组。由于互补色相配对比强烈、刺激、醒目，并能在视觉生理上得到平衡的满足感，因此，色彩设计中互补色是常用的配色手法，但应注意若互补色运用不当，也会产生生硬、动荡不安的消极效果（彩图3-3-4）。

⑧ 色彩感情

认识色彩除了客观方面还有主观方面，即有关色彩的视觉心理基础理论知识。

a. 色彩构成视觉心理：不同波长色彩的光信息作用于人的视觉器官，通过视觉神经传入大脑后，经过思维，与以往的记忆及经验产生联想，从而形成一系列的色彩心理反应。

b. 共同感受色觉心理

a) 色彩的冷、暖感：色彩本身并无冷暖的温度差别，是视觉色彩引起人们对冷暖感觉的心理联想。

暖色：人们见到红、红橙、橙、黄橙、红紫等色后，会马上联想到太阳、火焰、热血等物像，产生温暖、热烈、危险等感觉。

冷色：见到蓝、蓝紫、蓝绿等色后，则很容易联想到太空、冰雪、海洋等物像，产生寒冷、理智、平静等感觉。

色彩的冷暖感觉，不仅表现在固定的色相上，而且在比较中还会显示其相对的倾向性。如同样表现天空的霞光，用玫红画早霞那种清新而偏冷的色彩，感觉很恰当，而描绘晚霞则需要暖感强的大红了。但如与橙色对比，前面两色又都加强了寒感倾向。

b) 色彩的轻、重感：这主要与色彩的明度有关。明度高的色彩使人联想到蓝天、白云、彩霞及许多花卉，还有棉花、羊毛等。产生轻柔、飘浮、上升、敏捷、灵活等感觉。明度低的色彩易使人联想到钢铁、大理石等物品，产生沉重、稳定、降落等感觉。

c) 色彩的软、硬感：其感觉主要也来自色彩的明度，但与纯度亦有一定的关系。明度越高感觉越软，明度越低则感觉越硬，但白色反而软感略高。明度高、纯度低的色彩有软感，中纯度的色也呈柔感，因为它们易使人联想到骆驼、狐狸、猫、狗等好多动物的皮毛，还有毛呢、绒织物等。高纯度和低纯度的色彩都呈硬感，如果它们明度又低则硬感更明显。色相与色彩的软、硬感几乎无关。

d) 色彩的前、后感：由各种不同波长的色彩在人眼视网膜上的成像有前后，红、橙等光波长的色在后面成像，感觉比较迫近，蓝、紫等光波短的色则在外侧成像，在同样距离内感觉就比较后退。

实际上这是视错觉的一种现象，一般暖色、纯色、高明度色、强烈对比色、大面积色、集中色等有前进感觉，相反，冷色、浊色、低明度色、弱对比色、小面积色、分散色等有后退感觉。

e) 色彩的大、小感：由于色彩有前后的感觉，因而暖色、高明度色等有扩大、膨胀感，冷色、低明度色等有显小、收缩感。

　　f) 色彩的华丽、质朴感：色彩的三要素对华丽及质朴感都有影响，其中纯度关系最大。明度高、纯度高的色彩，丰富、强对比色彩感觉华丽、辉煌。明度低、纯度低的色彩，单纯、弱对比的色彩感觉质朴、古雅。但无论何种色彩，如果带上光泽，都能获得华丽的效果。

　　g) 色彩的活泼、庄重感：暖色、高纯度色、丰富多彩色、强对比色感觉跳跃、活泼有朝气，冷色、低纯度色、低明度色感觉庄重、严肃。

　　h) 色彩的兴奋与沉静感：其影响最明显的是色相，红、橙、黄等鲜艳而明亮的色彩给人以兴奋感，蓝、蓝绿、蓝紫等色使人感到沉着、平静。绿和紫为中性色，没有这种感觉。纯度的关系也很大，高纯度色呈兴奋感，低纯度色呈沉静感。最后是明度，暖色系中高明度、高纯度的色彩呈兴奋感，低明度、低纯度的色彩呈沉静感。

　　c. 色彩的心理联想

　　色彩的联想带有情绪性的表现。受到观察者年龄、性别、性格、文化、教养、职业、民族、宗教、生活环境、时代背景、生活经历等各方面因素的影响，色彩的联想有具象和抽象两种。

　　a) 具象联想：人们看到某种色彩后，会联想到自然界、生活中某些相关的事物。

　　b) 抽象联想：人们看到某种色彩后，会联想到理智、高贵等某些抽象概念。一般来说，儿童多具有具像联想，成年人较多具有抽象联想。

　　⑨ 色彩性格

　　各种色彩都其独特的性格，简称色性。它们与人类的色彩生理、心理体验相联系，从而使客观存在的色彩仿佛有了复杂的性格。

　　a. 红色：红色的波长最长，穿透力强，感知度高。它易使人联想到太阳、火焰、热血、花卉等，有感觉温暖、兴奋、活泼、热情、积极、希望、忠诚、健康、充实、饱满、幸福等向上的倾向，但有时也被认为是幼稚、原始、暴力、危险、卑俗的象征。红色历来是我国传统的喜庆色彩。

　　b. 橙色：橙与红同属暖色，具有红与黄之间的色性，它易使人联想到火焰、灯光、霞光、水果等物象，是最温暖、响亮的色彩。易感觉活泼、华丽、辉煌、跃动、炽热、温情、甜蜜、愉快、幸福等，但也有疑惑、嫉妒、伪诈等消极倾向性感觉。含灰的橙呈咖啡色，含白的橙呈浅橙色，俗称血牙色，与橙色本身都是服装中常用的甜美色彩，也是众多消费者特别是妇女、儿童、青年喜爱的服装色彩。

　　c. 黄色：黄色是所有色相中明度最高的色彩，具有轻快、光辉、透明、活泼、光明、辉煌、希望、功名、健康等印象，但黄色过于明亮而显得刺眼，并且与他色相混易失去其原貌，故也有轻薄、不稳定、变化无常、冷淡等不良含义。含白的淡黄色感觉平和、温柔，含大量淡灰的米色或本白则是很好的休闲自然色，深黄色却另有一种高贵、庄严感。由于黄色极易使人想起许多水果的表皮，因此它能引起富有酸性的食欲感。黄色还被用作安全色，因为这极易被人发现，如室外作业的工作服。

　　d. 绿色：在大自然中，除了天空和江河、海洋，绿色所占的面积最大，草、绿叶植物，几乎到处可见，它象征生命、青春、和平、安详、新鲜等。绿色最适应人眼的注视，有消除疲劳、调节身心的功能。黄绿带给人们春天的气息，颇受儿童及年轻人的欢迎。蓝绿、深绿是海洋、森林的色彩，有着深远、稳重、沉着、睿智等含义。含灰的绿如土绿、橄榄绿、咸菜绿、墨绿等色彩，给人以成熟、老练、深沉的感觉，是人们广泛选用及军、警规定的服色。

e. 蓝色：与红、橙色相反，是典型的寒色，表示沉静、冷淡、理智、高深、透明等含义，随着人类对太空事业的不断开发，它又有了象征高科技的强烈现代感。浅蓝色系明朗而富有青春朝气，为年轻人所钟爱，但也有不够成熟的感觉。深蓝色系沉着、稳定，为中年人普遍喜爱的色彩。其中略带暖昧的群青色，充满着动人的深邃魅力，藏青则给人以大度、庄重印象。靛蓝、普蓝因在民间广泛应用，似乎成了民族特色的象征。当然，蓝色也有其另一面的性格，如刻板、冷漠、悲哀、恐惧等。

f. 紫色：具有神秘、高贵、优美、庄重、奢华的气质，有时也感孤寂、消极。尤其是较暗或含深灰的紫，易给人以不祥、腐朽、死亡的印象。但含浅灰的红紫或蓝紫色，却有着类似太空、宇宙色彩的幽雅、神秘之感，为现代生活所广泛采用。

g. 黑色：黑色为无色相无纯度之色。往往给人感觉沉静、神秘、严肃、庄重、含蓄，另外，也易让人产生悲哀、恐怖、不祥、沉默、消亡、罪恶等消极印象。尽管如此，黑色的组合适应性却极广，无论什么色彩特别是鲜艳的纯色与其相配，都能取得赏心悦目的良好效果，但是不能大面积使用，否则，不但其魅力大大减弱，相反会产生压抑、阴沉的恐怖感。

h. 白色：白色给人的印象是洁净、光明、纯真、清白、朴素、卫生、恬静等。在它的衬托下，其他色彩会显得更鲜丽、更明朗。多用白色还可能产生平淡无味的单调、空虚之感。

i. 灰色：灰色是中性色，其突出的性格为柔和、细致、平稳、朴素、大方，它不像黑色与白色那样会明显影响其他的色彩。因此，作为背景色彩非常理想。任何色彩都可以和灰色相混合，略有色相感的含灰色能给人以高雅、细腻、含蓄、稳重、精致、文明而有素养的高档感觉。当然滥用灰色也易暴露其乏味、寂寞、忧郁、无激情、无兴趣的一面。

j. 土褐色：含一定灰色的中、低明度各种色彩，如土红、土绿、熟褐、生褐、土黄、咖啡、咸菜、古铜、驼绒、茶褐等色，性格都显得不太强烈，其亲和性易与其他色彩配合，特别是和鲜色相伴，效果更佳。易使人想起金秋的收获季节，故均有成熟、谦让、丰富、随和之感。

k. 光泽色：除了金、银等贵金属色以外，所有色彩带上光泽后，都有其华美的特色。金色富丽堂皇，象征荣华富贵、名誉忠诚；银色雅致高贵，象征纯洁、信仰，比金色温和。它们与其他色彩都能配合，几乎达到"万能"的程度。小面积点缀，具有醒目、提神作用，大面积使用则会产生过于炫目的负面影响，显得浮华而失去稳重感。如若巧妙使用、装饰得当，不但能起到画龙点睛的作用，还可以产生强烈的高科技现代美感。

二、色彩构成与风景园林设计
1. 园林景观色彩的本质和组成
（1）色彩的本质

色彩是通过反射到人的眼中而产生的视觉感，我们可以区分的色彩有数百万种之多。

a. 无彩色：白、灰、黑等，无色彩的色叫无彩色。

b. 有彩色：无彩色以外的一切色，如红、黄、蓝等有色彩的色叫有彩色。

（2）色彩的组成

色彩是物质属性之一，研究园林景观色彩设计，必须要先明白园林景观色彩的物质载体有哪些。从色彩的物质载体性质的角度来说，组成园林景观的色彩可分为三类：自然色、半自然色和人工色。

a. 自然色：自然色是指自然物质所表现出来的颜色，在园林景观中表现为天空、石材、水体、植物的色彩。

b. 半自然色：是指人工加工过但不改变自然物质性质的色彩，在园林景观中表现为人工加工过的各种石材、木材和金属的色彩。

c. 人工色：是指通过各种人工技术手段生产出来的颜色，在园林景观中表现为各种材料和色彩的瓷砖、玻璃、各种涂料的色彩。

自然色是来自自然世界的色彩，人类作为来自自然界的生物，对于自然界的天然色彩有一种天生的好感。在园林景观中，基调色多是生物色彩，如植物的色彩，它在景观环境中所占的比例最大，非生物色彩与人工色彩点缀其间。自然色彩在一年四季中是随着季节而变化的，但也是有规律可循、有周期性的。植物叶片的绿色在色度上有深浅不同，在色调上也有明暗、偏色之异。如垂柳初发叶时由黄绿逐渐变为淡绿，夏秋季为浓绿。同时，我们可以通过调节人工色彩，达到与自然色彩的协调。

2. 色彩的应用

（1）暖色系

暖色系的色彩中，波长较长，可见度高，色彩感觉比较跳跃，是一般园林设计中比较常用的色彩。如广场花坛及主要入口和门厅等环境，给人朝气蓬勃的欢快感。暖色有平衡心理温度的作用，因此宜于在寒冷地区应用。

（2）冷色系

由于冷色光波长较短，可见度低，在视觉上有退远的感觉。在园林设计中，对一些空间较小的环境边缘，可采用冷色或倾向于冷色的植物，能增加空间的深远感。冷色能给人以宁静和庄严感。特别是花卉组合方面，冷色也常常与白色和适量的暖色搭配，能产生明朗、欢快的气氛。冷色在心理上有降低温度的感觉，在炎热的夏季和气温较高的南方，采用冷色会给人产生凉爽的感觉。

（3）园林景观色彩设计的特殊性

园林景观中的色彩设计最重要的就是把园林景观中的天空、水体、山石、植物、建筑、小品、铺装等色彩的物质载体进行组合，以期得到理想中的色彩配置方案。植物是园林景观中的主要造景元素，而建筑、小品、铺装、水体等景观元素的色彩是作为点缀色而出现的。但在按照色彩的设计原则进行色彩设计时是要考虑多方面的因素的，如色彩的心理、气候因素、文化宗教的影响、光线的变化、材料的特性等。但不管是以绿色为主，还是以其他颜色为主，园林景观色彩设计都要遵循色彩学的基本原理，运用色彩的对比和调和规律，以创造和谐、优美的色彩为目标。

（4）分析植物色彩的常用形式

园林中的自然色即植物的颜色。

在园林景观中，植物一般是与其他景观要素一起出现的，即和建筑、小品、铺装、水体等景观元素一起出现。不管任何季节，植物都不会少得了绿色，在植物色彩中绿色是绝对的主角。所以布置植物材料尤其是面积较大时，要以绿色为基调。如不是为了特殊的效果，其他色彩一般作为点缀色而出现。

植物是构成园林的主要角色，它的品类繁多，有木本、草本。木本中又有观花、观叶、观果、观枝干的各种乔木和灌木。花卉的色彩主要由植物花色来体现，如不是为了特殊的效果，一般会用花卉的色彩作为载体，以少胜多，营造空间效果，即在绿色基调上的合适部位适当地点缀些对比色，会显得清新而富有朝气。植物的叶色，尤其是少量观叶植物的叶色也是不可忽视的。园林植物色彩表现的形式一般以对比色、邻补色、协调色体现较多。对比色相配的景物能产生对比的艺术效果，给人强烈醒目的美感，而邻补色就较为缓和，给人以淡雅和谐的感觉。

协调色一般以红、黄、蓝二次色配合均可获得良好的协调效果，这在园林中应用已经十分广泛。

① 红色

亮红色花非常引人注目，尤其在绿色的陪衬下，更为醒目和热烈。因而，在安闲恬静的休息区，不宜全用红色。相反，暖色调的橙红色与纯蓝色、金黄色、净橙色、白色和灰绿色搭配产生新鲜、充满活力的现代设计效果。

常用的红色花卉植物有：石竹、萱草、一串红、大丽花、郁金香、旱金莲等。

② 黄色

黄色使人联想到日光，因此在庭园的阴暗处配置黄色，可以活跃气氛，使人感到愉快。在黄色中点缀白色、灰绿色和鲜橙色，可谓是一组漂亮的组合，花卉会显得热烈而欢快。

可作花卉材料开黄花的植物有：小苍兰、毛蕊花、春黄菊、连翘、金丝桃等。

③ 蓝色

在世界庭园植物中，纯蓝色极为少见。而带紫色的蓝，比纯蓝色或天蓝色更为多见。蓝色和红色或白色一样是极为醒目的颜色。如果在远离房屋处使用这些颜色，可以产生使空间增大、扩展的视觉效果。

常用的蓝色花卉植物有：大绒球、千屈菜、绿绒蒿、风信子、飞燕草、蓝雪花等。

④ 绿色

绿色是庭园中最普通的颜色，正因为如此，也最容易被忽视。植物的叶子变化多端，五彩缤纷。浓绿色是大多数花色，尤其是红色调花色的完美陪衬色。当鲜花盛开期已过，花儿不再娇艳时，绿叶尤显得重要。灰绿色、金黄色和具黄斑叶的草本植物和落叶灌木能产生光斑的效果（彩图3-3-5）。如增加一些白花植物，会使景观显得淡雅而朴素。

⑤ 植物色彩与色块配置

园林植物的色彩另一种表现形式就是园林色块的效果，色块的大小可以直接影响对比与协调，色块的集中与分散是最能表现色彩效果的手段，而色块的排列又决定了园林的形式美。园林美和园林艺术之间是相辅相成、相互提高的。随着现代化社会文明程度的提高，人们对园林的景色欣赏水平也日益提高，对于从事园林事业的有志人士在给人们欣赏自然美、古典美的同时，要善于发现美、创造美，掌握植物色彩的奥妙和规律，配置最新、最美的图案，给人们布置更多更好的符合时代节奏的现代园林景观（彩图3-3-6）。

思考题

1. 利用平面构成的知识分析一张园林设计平面图。
2. 利用立体构成和色彩构成的知识分析一个你熟悉的环境。
3. 思考怎样综合利用构成知识指导园林设计。

第四章

风景园林设计入门

第一节　风景园林设计过程

　　风景园林设计过程根据园林绿地类型的不同而繁简不一，其工作范围可包括居住区绿地设计、公园绿地设计、道路绿地设计及公共附属绿地设计等类型。无论哪种类型绿地项目的设计过程，都是一个循序渐进的过程，需要通过现场勘察、分析、构思、设计、制图等步骤。具体的设计过程包含六个阶段，即：任务书阶段；基地调查及分析；方案设计的构思与选择；方案设计的调整与深入；施工图阶段；施工实施阶段。每个阶段工作任务互不相同，需要解决的问题不同，所涉及的图纸种类也不一样。

一、任务书阶段

（一）任务书的概念及功能

1. 任务书

　　风景园林设计任务书是确定园林工程项目和建设方案的基本文件，是设计工作的指令性文件，也是编制设计文件的主要依据。

2. 任务书的基本功能

　　任务书是根据甲方对项目的具体要求所制定的设计说明书，是设计的主要依据，其主要功能包括：

　　① 明确设计主题。设计任务书明确指出项目设计定位，具体的设计主题，设计人员应该根据任务书具体要求构思主题，围绕指定主题开展配套设计。

　　② 控制项目造价。任务书将提供甲方的项目造价，设计人员在项目中使用的材料、工艺等都要符合造价要求，根据指导价格合理分配主要景点、次要景点的造价。

　　③ 明确项目实施时间。

（二）任务书的基本内容

1. 项目概况

　　包括设计项目名称、建设地点、用地现状、周边用地情况以及气候、水文、植被等内容。

2. 设计依据

　　批准设计项目的文号、协议书文号及其有关内容。

3. 设计要求

　　包括风格定位、景观空间、交通组织、竖向设计、种植设计、照明等具体的设计意向；同时，设计要求还包括总体设计、分区设计、特色性设计等具体的设计思路。

4. 景观设计工作内容及目标

　　主要包括设计服务范围、服务具体内容及目标。

5. 各阶段成果设计要求

主要阐述阶段性成果需要达到的目标，包括概念阶段设计成果要求、方案阶段设计成果要求及扩初阶段设计成果要求。

6. 各阶段设计成果及数量

主要规定各阶段设计成果的图纸类型及图纸数量，阶段设计成果需满足甲方要求，符合合同条例。具体如表 4-1-1 所示。

表 4-1-1　项目设计成果一览表

序号	项目名称	图幅	数量	备注
1	概念阶段设计成果	A3	X 份	其中彩版 1 份,另附光盘 X 份
2	方案阶段设计成果	A3	X 份	另附光盘 X 份
3	扩初阶段设计成果	A3～A1	X 份	另附光盘 X 份

7. 景观造价控制

景观造价控制是设计造价的预算依据，也是设计成本控制的参照。

8. 景观设计范围及时间安排

具体描述项目设计所涉及的范围、主要的设计范畴；同时，具体规定设计阶段成果所需的时间。

9. 合作方式

阐述甲方与设计方的合作内容，包括设计方的设计深度、设计交流次数及后期的指导方式等内容。

二、基地调查及分析

风景园林项目设计前期，第一步需要做的是熟读项目任务书，接着就是必须对项目所在地区的自然条件、周围的环境和城市规划的有关资料进行收集调查，并深入分析研究，这个过程叫基地调查及分析。

调查及分析过程主要通过实地的勘察提炼设计所需的各种信息，在调查的过程中要做到全面、仔细、有针对性及有重点。分析结果则需要做到简单明了、重点突出，通过分项叠加方法分析项目区域的用地条件，并以各种分析图例表示最终结果。

1. 基地调查

（1）土壤条件

土壤的种类、营养情况、地基承载力、冻深、自然安息角、滑动系数、土壤分布区域及相关物理、化学特性。

（2）水文情况

水的流量、流速、方向、地下及地表径流情况；对区域内水系要调查其常水位、最低水位、最高水位、水底标高等情况。

（3）气候情况

气候情况调查需掌握当地近年的气候数据，包括年平均气温、月平均气温、最高气温、最低气温、冰冻期、湿度、风向、风力、降雨量、平均降雨量、每月阴天日数等。

（4）植被情况

了解当地植被种类、数量、生长势、群落构成、名木古树分布情况、观赏价值的高低及原有树木的年龄、观赏特点等。

（5）地形条件

在甲方提供的现场测绘图基础上掌握现场地形具体的分布情况、裸露岩层、坡度等情况。

（6）现有建筑情况

掌握现场建筑的特点及分布情况，对每栋建筑定点标注。

（7）交通情况

掌握项目周边交通情况，车流量、人流量等。

（8）历史人文情况

掌握项目当地的历史情况、重大事件、民俗节日、建筑风格、风俗美食等内容。

2. 基地现状分析

基地现状分析是根据基地调查内容所开展的思考过程，是项目设计开展前期重要的步骤，通过对基地现状进行全面、科学、合理的分析，可以提炼项目本身所具备的特性，在此基础上有针对性地提出设计解决方案。调查分析的主要工作内容如下

（1）自然条件分析

自然条件包含地形、水体、土壤、植被等内容，根据调查可以得出地形分布情况、地形排水情况、土壤分布情况、植被分布情况等信息，并将其绘制成图。

① 地形情况

地形情况分析属于基础分析，地形图是最基本的地形资料，在设计的过程中具有重要的参考意义，结合实地调查可以有效地掌握地形的起伏情况、坡级的分布情况、地表径流的方向等。在此基础上，我们可以通过坡度将地形分成若干等级，如按照平地（$i<3\%$）、坡地（$3\%<i<10\%$）、山地（$i>10\%$）等划分方式，使用不同色块表示，绘制完成地形分布图，如彩图 4-1-1 所示。

② 水文情况

水文情况调查分析主要针对基地地面水体及地下水体的情况分析。地面水通常包括湖泊、江河、溪水等，主要分析地面水的基本形状、水位情况（常水位、最低水位、最高水位）、水流方向、汇水区域等内容。地下水影响建筑的营造，其主要包括地下河流、泉水、溶洞等水体，主要分析地下水位和水系区域，为设计提供参考。

③ 土壤情况

不同土壤类型，其组成成分有较大差别，如承载力、肥力、水力等的差别，承载力的差异决定土地的使用性质，肥力的差异影响植物的配置，因此土壤情况的分析对后期设计具有重要的参考意义。对基地的土壤分析包括土壤类型、pH 值、承载力、含水量、冻土周期、元素含量等内容。通常情况下，项目土壤需要进行专业的检测，形成专业报告；小型项目，我们就仅需要掌握主要的土壤特征，如 pH 值、承载力等。

④ 植被情况

植被情况分析主要为保护现有植被及选择植被提供参考，该分析工作包含分析现有植被的分布情况、数量、可利用程度等内容。分析过程需记录相关数据，标注相关位置，并将这些信息通过色块、标注点的形式描绘成图例。

其中，对可利用植被情况需进行现场评估，结合林业、农业部门意见对林地进行保护利用，特别针对基地内部的名木古树情况，要重点标注并做好保护规划。

（2）气候条件分析

气候条件包含内容较多，在分析过程中通常要制定表格和图例，分析气温、降雨、日照、风向等情况。

① 日照分析

日照即太阳照射情况，不同地区太阳高度不一样，同一地区时间不同，太阳的照射情况也不一样，同时，基地周边环境的差异也产生不同的日照情况。日照分析就是要根据基地的

区位信息，结合专业分析软件（可采用 AutoCAD、SketchUp、FastSUN、理正等软件），得出基地一年四季主要日期节点的日照情况和一天主要的时间节点的日照情况。通过日照分析可以科学地划分项目功能分区、规划合理的活动空间、进行植物配置等内容。日照分析通常由日照分析图表示，如彩图 4-1-2 所示。

② 风向分析

风向主要影响项目活动空间的设计及植物配置，风向分析需要对基地主导风向、迎风面、背风面等内容详细记录，通过风向玫瑰图、线形分析图等的形式完成结论的表达（图 4-1-3）。

③ 地形小气候

由于下垫面及周边情况不同，基地将会形成局部特殊的气候环境，即小气候。小气候的差异影响项目区域内的温度、湿度、光照、通风，最终影响项目整体体验，因此，小气候的利用或者改善对设计很有价值。

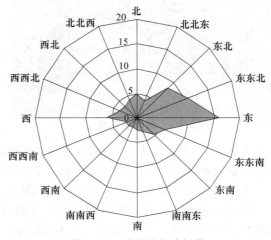

图 4-1-3 项目风向分析图

对地形多变的项目来说，小气候必然是分析的一个重要环节，我们要认真分析项目地形所形成的阳光照射情况、主导风向、空气湿度等气候情况，绘制分析图例。根据现状，在设计中通过合理布局景观要素，优化不利因素，如降低阳光直射时间、调节区域温度；利用小气候的优势，如引导风的走向、加大区域内的湿度等。

(3) 人文条件分析

人文条件包含场地现状和历史人文条件，场地现状指的是项目现有的建筑、与周边的关系、交通情况及现场的管线分布等；历史人文条件通常指基地所在区域的历史发展、民俗文化、生活习性等内容。

① 场地现状

物质条件指的是项目所在区域现有的实体，通过科学的分析可以更好地处理景观与建筑、景观与交通、景观与生态、景观与人群的关系，其主要包括项目区域内部及周边的建筑，主要分析建筑的风格、颜色、位置、入口、高度及朝向等事项，并做好记录；再者，物质条件还包括项目与周边的关系，如项目周边的交通线路情况、车流、人流的分布情况等；最后，我们还需对项目所在区域的管线进行仔细分析，包括管线的分布情况、管线的标高等。

② 历史人文条件

历史人文条件是指项目所在地区的软环境，主要体现在文化、风俗、习惯等方面内容，是体现项目特色的重要组成。在调查分析过程中，设计团队要深入了解当地特色性内容，提炼并赋予形象的景观表现，如营造独特的景观氛围，塑造特色性的小品、雕塑等，突出当地的人文历史（图 4-1-4、图 4-1-5）。

三、方案设计的构思与选择

结合基地调查分析，设计师可以根据风景园林项目设计任务书的要求开始项目的构思设计，并通过充分的对比分析得出最优的设计方案。

1. 方案设计的构思

(1) 方案构思

图 4-1-4　农耕文化雕塑

图 4-1-5　塞北秧歌

古人云："意在笔先"，指写字画画或文章创作，先构思成熟，然后下笔。风景园林项目设计的构思就是在设计开始阶段需要先完成整体思考过程。一个好的作品，需要具备风格统一、主题突出、布局合理和功能完善的特性，因此，在设计前期，对项目整体的构思尤为重要。

在构思阶段，设计师应着眼全局，在熟读任务书和调查分析结果的基础上，对项目的主题风格、功能分区、主要轴线节点认真酝酿，在脑海中勾勒其平面、立面、效果等内容。然后从占地条件、占地特殊性和限制条件等分析，定出主要区域可能接受的使用功能及规模大小等，并对某些必要的功能进行大略的配置。在区域包含的功能中要有主要或重点的功能单元，首先划出规模，而后再探讨单元，最后再定出较好的功能组合画面。

方案构思方法通常可分成"先功能后形式"和"先形式后功能"，两种方法主要体现在思考的侧重点不一样，两者各有千秋，在运用过程中可灵活选择，根据自身实际情况及项目实际情况选择合适的方法，可事半功倍。

① 先功能后形式

以项目使用性为切入点，主要考虑项目功能分区布局，在此基础上再完善空间形象，并作艺术处理。该方法对于初学者比较容易上手，有利于快速完成项目构思，但容易在空间细化过程中遇到阻碍，难以形成令人满意的图形构成。如图 4-1-6 所示，项目构思过程中注重

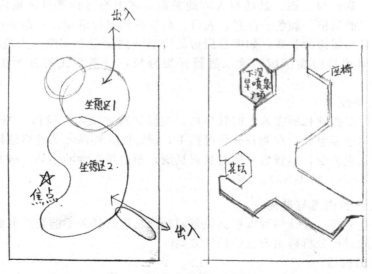
图 4-1-6　先功能后形式示意图

空间及功能的布局，在此基础上再优化项目效果。

② 先形式后功能

则以项目现有条件为参考，主要考虑空间构图为切入点，旨在完成流畅、完美的艺术构图，再细化功能分区，如图4-1-7所示，在构思上首要是注重流畅、完整曲线的运用，形成艺术的构图，再完成功能的布局。该方法便于发挥设计者的创新思维，较容易形成具有创意的空间环境，但后期功能调整及布局上会出现较大的难度。该方法适合具有一定的设计经验的设计师，而不适合初学者。

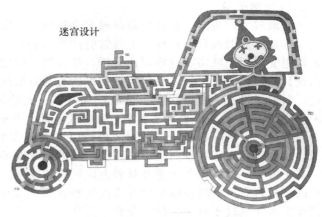

图 4-1-7 先形式后功能示意图

（2）勾画草图

完成项目构思后，我们需要将构思通过简易的图例表现出来，即勾画草图阶段。草图的绘制主要使用硫酸纸覆盖在现状测绘图上，用铅笔、勾线笔、马克笔等绘图工具勾画项目设计的平面轮廓，在重点位置需绘制出铺装和着色如图4-1-8所示。同时，对于细部的表达，我们需要将其立面、效果简单地描绘出来，如图4-1-9所示。

图 4-1-8 某居住区会所周边绿地设计草图

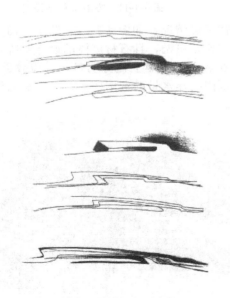

图 4-1-9 LFone 园艺展廊设计草图及实景（扎哈·哈迪德）

2. 方案的选择

为获取较好的方案，在构思阶段通常会将同一方案分配给多个设计人员同时进行，在整体上会形成不同的布局，在细节上通常会产生多种铺装、植物、颜色的不同搭配，因此，在初步构思完成后团队需要进行对比分析，选择最优的方案。在方案选择阶段，设计师需要对自己设计的方案进行汇报，分析前期构思所有的方案的优势和劣势，同时，将前期草图进行对比，获取最符合项目要求及定位的设计方案。此阶段，一般会形成1～3套的设计方案，其中1套主方案，1～2套备选方案，并在此基础上开展深化设计。

在某街心花园项目上，设计团队提出以下两个方案，如图4-1-10方案一、图4-1-11方案二，两个设计方案在平面上均采用较简洁的道路线形，突出以活动空间为主的休闲场地概念。其中方案一的优势在于铺装材料上风格比较统一，活动空间较大，注重以行走、观赏为重心的设计理念，同时在植物配置方面比较合理，疏密结合，乔灌木搭配有序；不足方面，其构成景观元素过于单一，缺乏变化。方案二的优势在于景观类型较丰富，注重变化；不足方面，其道路线形比较呆板，不流畅，铺装材料种类单一，缺乏乐趣，同时在植物配置上也显得较凌乱，没有合理的搭配。

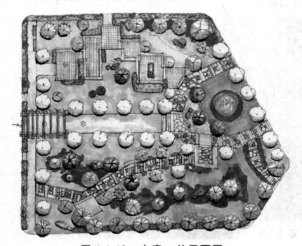
图4-1-10 方案一总平面图

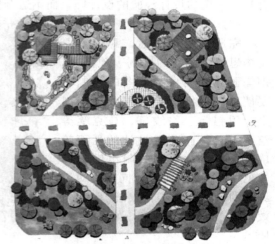
图4-1-11 方案二总平面图

然后，再深入探讨两个方案在效果构思上的优劣势情况，如图4-1-12、图4-1-13。方案一的效果注重体现其功能性的构建，但是材料构成比较单调，且石材座椅的设计不符合现时的潮流和大众心理。方案二注重环境气氛营造，在水系的构建上优势明显，景观效果较好，同时提供看、玩等多种体验；不足之处在于在小范围构建水景的费用较大，且木材的使用会大幅增加项目的实施成本和加大后期的维护成本。

图4-1-12 方案一局部效果

图4-1-13 方案二局部效果

因此，在方案选择上需要认真对比方案的优势并分析其缺点，对方案提出合理科学的修改意见，取各自长处，弥补不足的地方，挑选最合适的实施方案。同时，在方案选择期间，甲方必然会提出种种意见，包含主观意愿及客观意愿，甚至出现与专业设计相违背的部分要求，此时，设计团队需要正确处理甲方意见与专业意见的关系。设计师要站在科学、专业的角度，认真分析所接收的意见及要求，在保证设计的完整、科学、合理的前提下适当融入合理的修改意见，切忌盲目遵从，导致贻误全局，得不偿失。

四、方案设计的调整与深入

初步方案的确定，代表设计框架已经成形，但其仅仅是可以实践的具体方案的开始，是后期细化设计的一个总纲。因此，方案设计的调整与深入主要任务是将已确定的初步设计方案做进一步的细化推敲，将前期整体及局部的各个细节具体化，并绘制更详细的设计图纸。在此阶段主要完成初步方案及扩初方案设计工作。

1. 初步方案设计

初步设计方案主要整合前期方案的设计思路，完成方案的平面设计及功能分析，细化项目景点分布，优化立面景观分析等内容，主要通过完整的方案文本来表达。在方案初步设计阶段，我们主要完成项目的总平面图、项目的分析图、意向图、效果图、初步设计文本的制作。

（1）项目总平面图

根据项目具体情况，一般以1∶500的平面测绘图做基础，开展项目彩色平面图的制作，面积大于10hm^{2}以上的项目可采用1∶1000、1∶2000、1∶5000的比例绘制。在总平面图中，应清晰表达项目整体的设计，包括项目与周边环境的关系，项目主、次出入口的位置及大小，道路系统规划，建筑、构筑物的布局，水系的规划，项目植物的配置设计等（图4-1-14）。

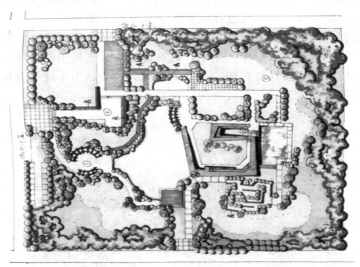

图4-1-14　项目总平面图

（2）项目分析图

在初步设计阶段，分析图主要功能是说明、强化设计理念，是总平面设计图的补充，从功能、道路、竖向等方面表达具体设计。一般项目分析图包含功能分区图（图4-1-15）、道路分析图、竖向分析图、景点分布图（图4-1-16）、景观轴线图等。项目分析图通常采用与总平面图相同的比例进行绘制，在表现过程中注重突出表达重点，可以刻意模糊重点以外的元素，以保证图面的简洁、清晰。

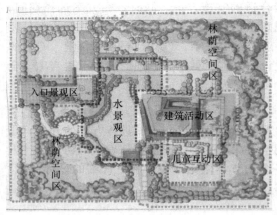
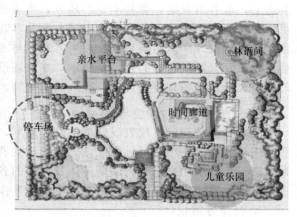

图 4-1-15　功能分区图　　　　　图 4-1-16　景点分布图

（3）景观意向图

意向图是说明设计理念、风格和设计方向性的图，是效果图的另一种表现形式，其重要功能是简化甲方对专业图例的理解难度，同时简化制图的手续。景观意向图主要构成为已完成项目的实体图片，分为铺装意向图、小品意向图和植物意向图。

（4）景观效果图

效果图（图 4-1-17）就是通过图片的形式来表达作品所需要以及预期要达到的效果，是设计意图及景点具体形象的主要表达方式。按照制作方式，效果图可分为手绘效果图和计算机效果图；按照效果图类型，可分为整体效果图和局部效果图。

无论哪种效果图的构成都需要符合正确的审美观点，结合透视原理、艺术构图原理真实地展现设计意图。效果图要做到形象、生动，具有说服力，在视角的选取、比例的设计、空间的关系、元素的搭配上都要反复斟酌。不同的景观类型要运用不同的表现手法，适当增加夸张、抽象的艺术手法可以有效提高效果图的视觉冲击力。

图 4-1-17　景观效果图

（5）初步设计文本

在初步设计图纸完成后，需要编写设计说明文本，其主要内容包括设计理念、现状分析、分区设计、植物配置等内容。设计文本应由客观的角度，结合专业的表述和适量的图片共同组成，简洁、清楚地表达设计意图，补充说明图例的具体内容。

2. 扩初方案设计

扩初方案设计也称为详细设计，是在初步设计方案得到甲方认可后的深化设计。扩初设计主要是根据总体规划设计要求，进行每个局部的技术设计，它是介于初步设计与施工设计阶段之间的设计，一般以（1∶100）～（1∶500）比例进行绘制的平面图及主要的参数文字来表达，局部细节可采用（1∶10）～（1∶50）的比例绘制。主要内容如下。

（1）出入口设计

包括出入口相关的建筑、广场、服务小品、种植、管线、照明、停车场的位置、尺寸、颜色、材料的具体内容设计。

（2）各分区设计

包括区域内部主要道路的走向宽度、标高、材料、曲线转弯半径、行道树、透景线等内容；主要广场具体的形式、尺寸、标高、材料、植物配置和景观小品等内容。

（3）建筑及小品设计

包括其平面大小、位置、标高、平立剖、主要尺寸、坐标、结构、形式、主设备材料。

（4）植物配置设计

包括植物的种植、花坛、花台面积大小、种类、标高、材料。

（5）水系设计

包括水池范围、驳岸形状、水底土质处理、标高、水面标高控制。

（6）假山的设计

包括假山位置、面积、造型、标高、等高线。

（7）编制扩初方案设计说明

文本主要表述采用设备的具体参数、通用工艺及标准、植物的详细清单、材料的主要尺寸、管线说明等。

最后，在扩初方案设计完成后要进行装订成册，文件的编排顺序依次是：扩初方案封面、设计文件扉页、目录、设计说明书、总图、分区设计图、详图、工程量表、概算。

3. 方案设计表现

（1）设计推敲性表现

① 徒手草图表现

徒手草图是风景园林设计过程中常用的表现手法，是风景园林设计师必备的基本技能，通过徒手制图，设计者的手、眼、脑可以得到锻炼，养成思考与绘图并行的习惯。一般分成两种形式，即铅笔草图和彩色水笔草图。

a. 铅笔草图：使用铅笔绘制草图，可以轻松完成项目的设计构思表达，用软铅笔（B～2B）、彩铅等工具徒手画线，可以灵活表达各种轮廓、远近关系，同时，铅笔绘图便于修改，速度快，有效提高设计师构思表达的速率（图4-1-18）。

b. 彩色水笔草图：彩色水笔，主要指马克笔，因其流畅、醒目、简便、快速的特性，逐渐为广大设计师所喜爱，成为草图表达的主流工具。通过线条和彩色水笔上色，可以很好地区分设计元素，丰富表达效果。但是，彩色水笔在画图过程中容易因重复画线、错画等原因影响效果，对设计者自身的艺术功底要求较高（彩图4-1-19）。

② 模型表现

模型表现指的是通过制作项目整体的立体模型来表达设计的方法。模型制作由预制件构成，通过制定景观元素预制件进行搭配，组成整体景观，该方法优点在于三维效果突出，可以直观、真实地展示效果，缺点是景观预制件制作过程烦琐、成本高，耗时较长（彩图4-1-20、图4-1-21）。

图 4-1-18　铅笔设计草图

③ 计算机模型表现

计算机模型是现行风景园林设计的主流表达方式，通过风景园林设计常用软件（AtuoCAD、Photoshop、SketchUp、Lumion）完成项目方案的表达，可以简便、真实地展现项目的设计理念及效果。计算机模型表现优点是准确、真实、直观、修改简便及成本较低；缺点在于制作过程比较烦琐、呆板，对设计团队、硬件设备等要求较高（彩图4-1-22）。

（2）展示性表现

图 4-1-21　假山模型

展示性表现是设计师对项目设计最后的表现，在项目整体设计完成后进行整体汇编，主要通过方案文本、视频、汇报的方式展现。

五、施工图阶段

设计方案完成并取得甲方同意后，设计工作将进行到施工图阶段。施工图阶段是将设计与施工连接起来的环节。根据园林设计方案，结合各工种的要求分别绘制出可以具体、准确指导施工的各种图纸。施工图应能准确、具体地表示出各项设计内容的尺寸、形状、位置、材料、种类、色彩、数量及构造和结构。施工图一般包括施工总图、施工详图、专业图纸。

六、施工实施阶段

总体方案完成设计并取得甲方同意后，设计工作将进行到施工图阶段，在完成施工图制作后，设计师将会到现场指导施工方开展施工工作，即施工实施阶段。在项目工程实施阶段，设计师主要负责现场指导及图纸修改工作。

1. 现场指导

图纸转变成实体过程需要通过复杂的施工工序及技艺，在此过程中，施工方将严格按照设计内容开展，图纸的准确与否、施工人员对图纸的理解程度将直接影响到最终效果。作为设计者，在此阶段的工作第一要务就是负责与现场施工负责人员解读设计图纸，对设计图纸中涉及的工艺、参数、具体效果等方面内容进行详细的表述,为施工过程提供参考及指导意见。

2. 图纸的修正

项目设计与项目现场施工经常会出现脱节现象,原因在于设计是理想化的,很多现场因素是不存在的,如地下水位、地下的土壤情况、技术工艺等,每一个环节都会造成以上结果。设计师到现场的第二要务就是要认真核对图纸与现场的匹配情况,及时调整具体的设计图纸。同时,要与施工人员及时沟通,在材料的使用及部分工艺的水平上把控,及时调整与设计不符的工程材料,调整、更换更好的工艺。

第二节　常见风景园林设计图

一、平面图

1. 园林建筑平面图表示方法

园林建筑是风景园林必不可少的要素之一,建筑平面图则是建筑图的核心,园林中的建筑平面图分为屋顶平面图和平面图。屋顶平面图的做法相对简单,根据正投影的方法作出其轮廓线即可。建筑平面的做法相对复杂一些,其作图步骤如下。

(1) 先作墙体的中心轴线 [图 4-2-1 (a)];
(2) 以轴线为基础作出墙的内外侧墙线 [图 4-2-1 (b)];
(3) 作出建筑中门窗及台阶位置 [图 4-2-1 (c)];
(4) 加深加粗建筑墙线,标出建筑剖断线 [图 4-2-1 (d)]。

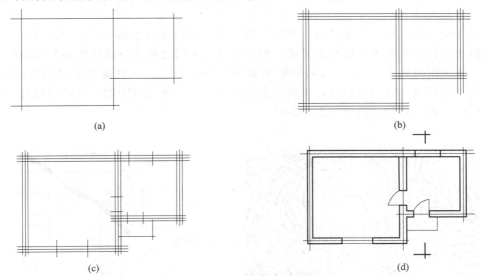

图 4-2-1　园林建筑平面图作图步骤

2. 园林铺装平面图表示方法

园林铺装包括园路铺装和广场铺装。园路在园林中起着引导游览、组成园景、划分园林空间的作用。园林铺装作为园景观赏主要体现在铺装的色彩、质感及图案样式上,因此在绘制园林铺装时,应注意对不同铺装的材质、特点进行区分其表示方法(图 4-2-2)。

3. 地形平面图表示方法

地形的平面表示主要采用图示和标注的方法。图示法通常包括三种类型:等高线法、坡级法和分布法。标注法主要用于标注地形上特殊点的高程。

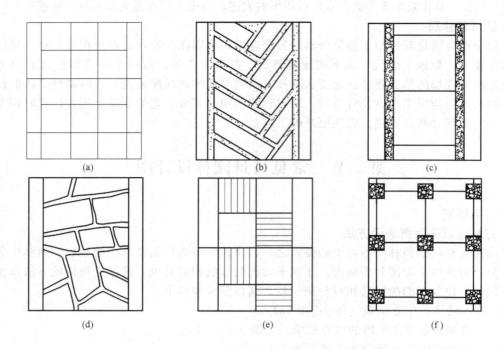

图 4-2-2　园林铺装平面图

（1）等高线法

等高线法是选取某一个水平面为参照，用一系列等距离假想的水平面切割地形后所获得的交线的水平正投影图表示地形的方法。两条相邻等高线之间的垂直距离称为等高距（等高距越小，地形图越详细），水平方向的距离称为等高线平距。一般地形图中用两种等高线：一种是基本等高线，也叫首曲线，常用细实线表示；另一种是每隔四条首曲线加粗一条等高线，并标注高程，称为计曲线（图 4-2-3）。

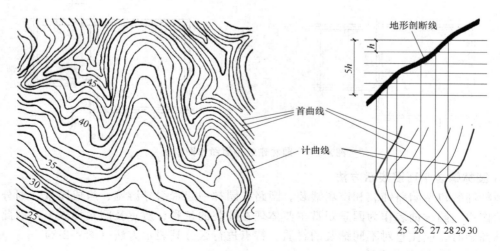

图 4-2-3　等高线

① 地形设计图中等高线的绘制要求

在地形设计图中，通常根据地形设计选定等高距，用细实线绘出设计地形等高线，用细虚线绘出原地形等高线。等高线上应标注高程，高程数字处等高线应该断开，高程数字的字头应朝向山头方向，数字排列要整齐。周围平整地面高程为±0.00，高于地面为正，数字前"+"省略；低于地面为负，数字前应注写"—"。高程单位为m，要求保留两位小数。

对于水体，用特粗实线表示水体边界线。当湖底为缓坡时，用细实线绘出湖底等高线，同时均需标注高程，并在标注高程数字处将等高线断开；当湖底为平面时，用标高符号标注湖底高程，标高符号下面应加画短横线和45°斜线表示湖底，如图4-2-4所示。

② 标注建筑、山石、道路高程

地形设计图要将平面图中的建筑、山石、道路、广场等位置按照外形水平投影轮廓绘制到地形设计图中：建筑用中实线表示，山石的轮廓线用粗实线表示，广场、道路用细实线表示。建筑应标注室内地坪标高，以箭头指向所在位置。山石用标高符号标注最高部位的标高。道路高程，一般标注在交汇、转向、变坡处，标注位置以圆点表示，圆点上方标注高程数字。

③ 标注排水方向

根据坡度，用单箭头标注出雨水的排水方向。如图4-2-4所示。

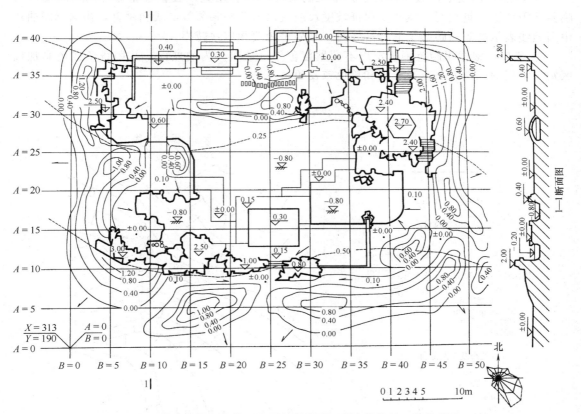

图4-2-4　某游园竖向设计平面图与断面图（段大娟主编《园林制图》）

④ 绘制方格网

为了便于施工放线，地形设计图中应设置方格网。设置时尽可能使方格某一边落在某一固定建筑设施边线上，这样便于将方格网测设到施工现场。每一网格边长可为5m、10m、20m等，按需设定，其比例与图中比例一致。方格网应按顺序编号：横向从左到右，用阿

第四章　风景园林设计入门

拉伯数字编号；纵向自下而上，用拉丁字母编号，并按测量基准点的坐标标注出纵横第一网格坐标。

⑤ 绘制比例、指北针；注写标题栏、技术要求等。

⑥ 绘制立面图、断面图

在必要时可以绘制出立面图和某一剖面的断面图，以便直观地表达该剖面上的竖向变化情况。如图 4-2-4 中所示断面图。

（2）坡级法

坡级法是在等高线法的基础上，用坡度等级表示地形陡缓和分布的方法。坡级法便于直观地了解和分析地形，常用于基地现状和坡度分析图中。坡度等级根据等高距的大小、地形复杂程度以及各种活动内容对坡度的要求进行划分（图 4-2-5）。坡级法作图步骤如下。

① 首先定出坡度等级。

② 即根据拟定的坡度值范围，用坡度公式 $\alpha=(h/l)\times100\%$，式中，α 表示坡度；h 表示等高距；l 表示平距。算出临界平距 $l_{5\%}$、$l_{10\%}$ 和 $l_{20\%}$，划分出等高线平距范围。

③ 然后，用硬纸片做的标有临界平距的坡度尺或者用直尺去量找相邻等高线间的所有临界平距位置，量找时，应尽量保证坡度尺或直尺与两根相邻等高线相垂直，当遇到间曲线中用虚线表示的等高距减半的等高线时，临界平距要相应地减半。

④ 最后，根据平距范围确定出不同坡度范围（坡级）内的坡面，并用线条或色彩加以区别，常用的区别方法有影线法和单色或复色渲染法。

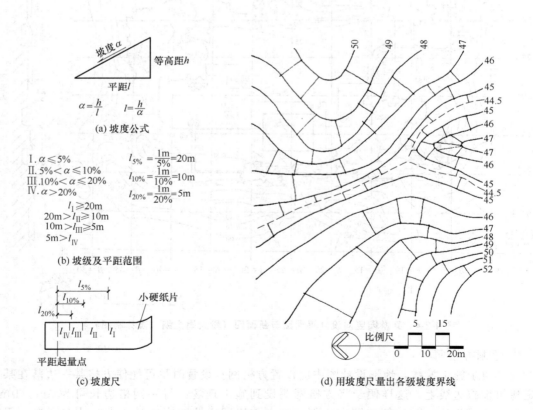

图 4-2-5 坡级法

(3) 分布法

分布法是另一种直观地表示地形的方法。将地形的高程划分成间距相等的几个等级，用单色渲染不同等级区域，颜色的深浅随着高程的增加而不断变深。地形分布图多用于表示基地范围内地形变化的程度、地形的分布和走向。在运用计算机辅助制图时，常运用地理信息系统（GIS）绘制地形坡度走向（图4-2-6）。

图 4-2-6 分布法

(4) 高程标注法

当在地形图中某些特殊的地形点时，常用十字或圆点标记这些点，并在标记旁标注上其参照高程，高程常写到小数点后两位，这种地形表示方法称为高程标注法（图4-2-7）。这种方法适用于标注建筑物的转角、墙体及坡面等顶面和底面的高程，以及地形图中最高和最低等特殊点的高程。

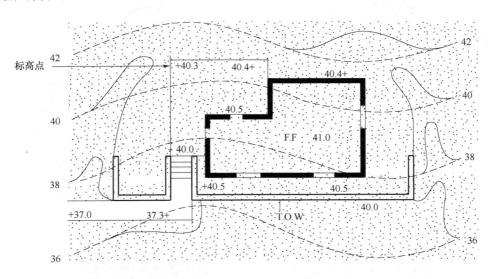

图 4-2-7 高程标注法

4. 园林植物平面表示方法

园林中的植物大致分为乔木、灌木、地被，且种类众多，在绘制平面图时，必须运用不同的表现方法加以区分。

（1）单株乔木、灌木表示方法

树木的平面表示以树干为圆心、以树冠平均半径为半径作出圆形，再根据植物形态特征加以修饰区别植物图例。注意在园林设计图中，所有的植物图例必须按照设计图的比例进行等比例绘制（图 4-2-8）。

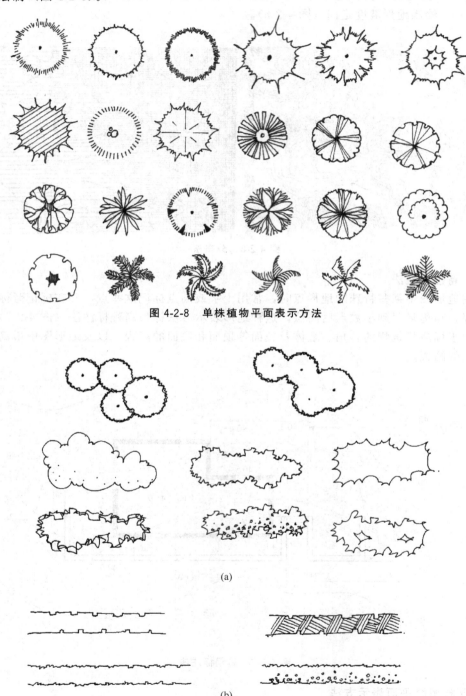

图 4-2-8　单株植物平面表示方法

(a)

(b)

图 4-2-9　树丛、灌木丛、片植地被 (a)、绿篱 (b) 画法

(2) 树丛、灌木丛、片植地被表示方法

树丛、灌木丛、片植地被由于植株数量多，枝叶相互渗透，无法用单株灌木的表现形式来区分各自轮廓，因此表示方法应区分于单株植物的表示方法。丛生的灌木中要注意区分自然式种植和规则式种植形式的表示（图 4-2-9）。

(3) 草地的表示方法

草坪和草地的表示形式较多，下面列举几种主要的表示方法。

① 打点法

打点法是最简单的一种表示方法。但要注意的是画草坪的时候所打的点要大小一致，点尽量保证是圆点，且应根据光照及树荫遮挡关系保证圆点的疏密变化［4-2-10（a）］。

② 小短线法

将小短线排列成行，每行之间的间距相近的不断重复排列［图 4-2-10（b）］。

③ 线段排列法

最常用的方法，要求线段排列整齐，行间有断断续续的重叠，也可小面积留白或行间留白。此外，还可用斜线、乱线或者 m 形线条表示草地［图 4-2-10（c）］。

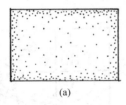   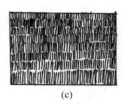

(a)　　　　　　　　　(b)　　　　　　　　　(c)

图 4-2-10　草地平面表示方法

5. 园林山石平面表示方法

园林山石是园林必不可少的组成要素之一。园林中的山石通常以置石、假山的形式出现。平面中的置石假山只需要用线勾勒出石头轮廓及纹理线即可，注意外围轮廓线要粗一些，纹理线较细较浅（图 4-2-11）。

图 4-2-11　石头平面表示方法

6. 园林水体平面表示方法

园林水体的表现根据不同的形式表现有所区分，可用线条法、等深线法、平涂法和添景物法（图 4-2-12）表示。

(1) 线条法

借助绘图工具或徒手排列平行的直线、曲线、波浪线来表示水面的方法称为线条法。可以将整个水面绘满，也可只画局部线条，部分留白［图 4-2-12（a）～（c）］。

(2) 等深线法

等深线法通常用在不规则的水面,在靠近岸线的水面中,按照水体轮廓作三条曲线,这种类似等高线的闭合曲线叫等深线［图 4-2-12（d）］。

（3）平涂法

平涂法是运用水彩或墨水平涂表示水面的方法。在渲染水面时,通常会有意识地让靠近岸边的色彩较深,离岸较远的水面颜色较浅［图 4-2-12（e）］。

（4）添景物法

添景物法是利用与水面有关的园林内容来表示水面的一种方法。例如水生植物、驳岸、码头或游船以及露出水面的石头等［图 4-2-12（f）］。

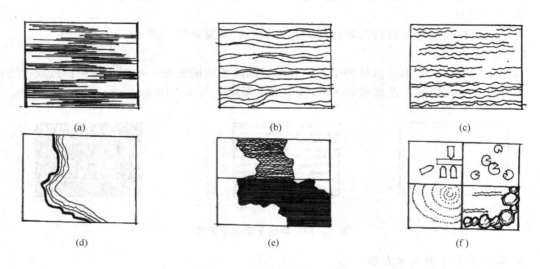

图 4-2-12 水体平面表示方法

7. 园林平面图表示方法

在平、立、剖、透视图中,平面图是最重要的。所以平面图的平面性要求很强。平面图能够表示整个园林设计的布局和结构、景观和空间构成以及各园林要素之间的关系。平面图通常被看作是视点在园景上方无穷远处投影所获得的视图,加绘阴影的平面图更加具有立体空间感。下面提供一些园林平面图,供参考（图 4-2-13～图 4-2-15）。

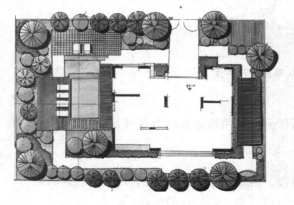

图 4-2-13 园林平面图（1）

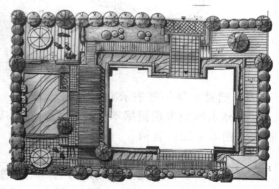

图 4-2-14 园林平面图（2）

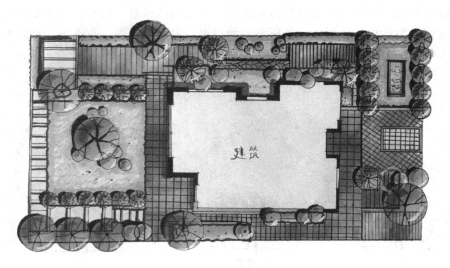

图 4-2-15　园林平面图（3）

二、立面图
1. 建筑立面表示方法
建筑立面图的绘制常以平面图为基础绘制，作图步骤如下。

① 先作出地平线，根据平面图尺寸作出建筑的外墙线位置［图 4-2-16（a）］；
② 根据设计高度绘出墙体高度和屋檐高度［图 4-2-16（b）］；
③ 定出建筑物的门窗、台阶位置［图 4-2-16（c）］；
④ 然后深化建筑轮廓，将不需要的线条去掉，按等级区分建筑图线粗细程度。立面图上的地平线应是最粗最深的线条，建筑外轮廓次之，门窗内的框线及墙面装饰材料线条最细［图 4-2-16（d）］。

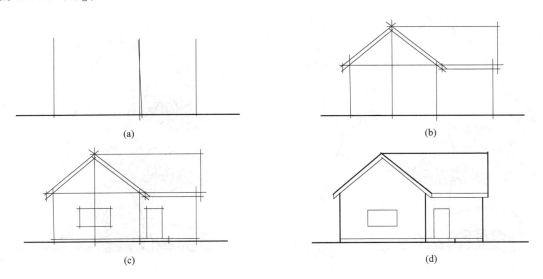

图 4-2-16　建筑立面图作图步骤

2. 园林植物立面表示方法

园林植物的立面表示方法也可分为轮廓形、分枝和质感型,但有时也不太严格。植物根据树冠轮廓概括为几种几何形体,如塔形、圆柱形、伞形、球形、圆锥形、椭圆形、匍匐形等(图 4-2-17~图 4-2-22)。

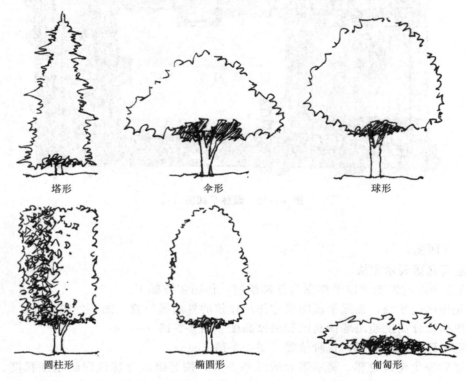

图 4-2-17 植物立面表示(1)

图 4-2-18 植物立面表示(2)

图 4-2-19　植物立面表示（3）

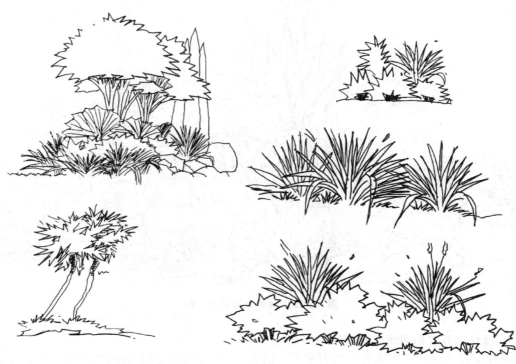

图 4-2-20　植物立面表示（4）

第四章　风景园林设计入门

图 4-2-21　植物立面表示（5）

图 4-2-22　植物立面表示（6）

3. 园林山石立面表示方法

园林山石立面画法主要注意山石平面上的轮廓大小以及立面上的高低错落，然后根据石材的种类具体区分表示方法（图 4-2-23）。

图 4-2-23　山石立面表现

4. 园林水景立面表示

园林中水景的立面表示主要指动态水景，如跌水、叠水、瀑布及喷泉等（图 4-2-24）。其中较难表示的是喷泉，由于园林水景中的喷泉样式多样，因此，在绘制喷泉立面图时必须表示出其外形特征。

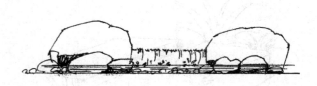
跌水立面表示

瀑布立面表示

喷泉立面表示

图 4-2-24　水景立面表示

三、剖面图
1. 建筑剖面表示方法

园林建筑剖面图的绘制可参照立面图，作图步骤如下。

（1）画剖面图之前，在平面图上确定好要剖切的位置，标注剖切符号。剖切符号由两条互相垂直的短线组成，位于剖切线上的两条短线表示剖切位置，垂直于剖切线的线条表示剖视方向，剖切位置线长度绘制为 6～10mm，剖视方向线长度为 4～6mm。剖切符号不与图

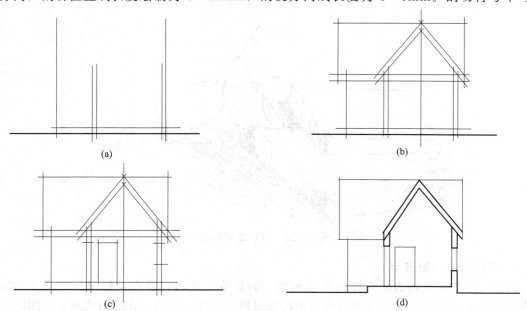

图 4-2-25　建筑剖面图绘制步骤

线相交接，标注符号应写在剖视方向线的端部或一侧；

（2）作出地平线，然后在地平线上作出剖切线位置的墙体轮廓位置及墙体厚度［图4-2-25（a）］；

（3）根据建筑设计高度作出相应的墙体和屋檐高度及厚度［图4-2-25（b）］；

（4）绘制剖视方向能看到的门窗及其他组成部分［图4-2-25（c）］；

（5）加深图线，剖切到的部分的轮廓线应加粗，可用斜线填充剖切区域［图4-2-25（d）］。

2. 园林铺装剖面图

在风景园林设计中，园路除了平面表示以外，其结构画法也是必须掌握的重点。园路结构画法如图 4-2-26 所示。

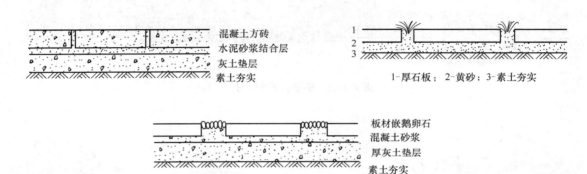

图 4-2-26 园路铺装剖面表示

3. 园林水景剖面图

在风景园林设计中，园林水景的剖面表示也是必不可少的，园林水景结构部分画法如图 4-2-27 所示。

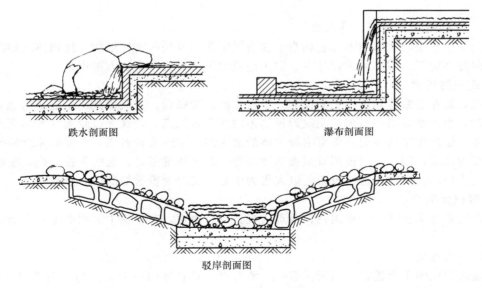

图 4-2-27 水景剖面表示

4. 园景剖面图
园景剖面图示例如图 4-2-28、图 4-2-29 所示。

图 4-2-28　园景剖面图示例（1）

图 4-2-29　园景剖面图示例（2）

四、效果图（透视图、鸟瞰图）

透视图属于中心投影图形。它相当于在有限距离内看到的物体形状，比物体的轴侧图更逼真，因此在建筑、园林景观设计中，常用透视效果来对比和审视方案设计。

1. 透视的概念
透视，是在观察者和物体之间设立一个投影面，即画面，并假设画面是透明的。观察者看物体时，由眼睛发出一系列的视线通过物体的各个可见点，视线穿过画面并与画面有一系列的交点，依次连接这些交点即得空间物体的透视图。在观察者看来，空间物体就好像在画面上的图像位置，因此，透视图有很强的立体感。在作透视图时，视线为投射线，眼睛（视点）为投影中心，所以，透视投影是以人眼为中心、视线为投射线的中心投影。

2. 透视分类
透视通常分为三类，一点透视、两点透视、三点透视。在景观中常用的是一点透视、两点透视。

（1）一点透视

一点透视也叫平行透视，画面只有一个消失点。指物体的一个立面与画面平行，即 X、Z 坐标与画面平行，Y 坐标与画面相交。一点透视适用于表现景观空间中对称的景物、大门入口景观以及室内透视等,具有庄重感。

(2) 两点透视

两点透视也叫成角透视,画面有两个消失点。物体的相邻两个立面与画面相交,即 Z 坐标与画面平行,X、Y 坐标与画面相交。两点透视所表现的场景通常较大。

(3) 三点透视

三点透视,画面有三个消失点。即 X、Y、Z 三轴均有消失点。三点透视通常多用于表现高大的建筑物、视野较大的鸟瞰图。

3. 透视图画法

(1) 一点透视画法

作图步骤:

① 确定地平线 GL;

② 以地平线为基准,根据场景大小,确定 A、B、C、D 四点;

③ 假定 $AC=3m$,在其 1/3 处平行于 AB 作平行线,此线为视平线;

④ 在视平线上任意确定一点 O 为灭点,连线 OA、OB、OC、OD,作出场景边界轮廓线;

⑤ 将 CD 等分,在 DC 延长线上等分,等分长度与 CD 上等分长度相同;

⑥ 在视平线上确定一点 M(量点),连接 $M1$、$M2$、$M3\cdots$,并延长至 Ce 线上,交于 $1'$、$2'$、$3'\cdots$;

⑦ 过 $1'$、$2'$、$3'\cdots$ 分别作 CD 的平行线,得出一点透视场景图。

用如图 4-2-30 所示的一点透视图作图方法,可作出如图 4-2-31、彩图 4-2-32、彩图 4-2-33 所示平面图的效果图。

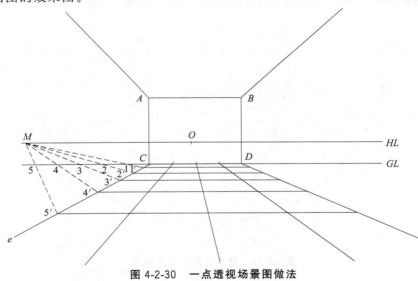

图 4-2-30　一点透视场景图做法

(2) 两点透视画法

作图步骤:

① 确定 AB 铅垂线,等比例分,现假设高为 3m;

② 在 AB 线段高约 1.6m 处作一条水平线 HL,即视平线;

③ 在视平线两端任意确定两点,分别以 P_1、P_2 为灭点,连接 P_1A、P_1B、P_2A、P_2B;

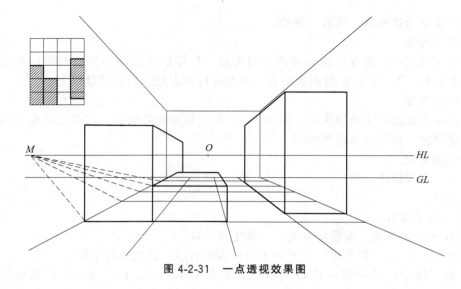

图 4-2-31 一点透视效果图

④ 延长 AB，以 $1/2P_1P_2$ 为半径，中点为圆心画圆，交 AB 延长线于点 E；

⑤ 分别以 P_1P_2 为圆心，P_1E、P_2E 为半径画圆，分别交于 P_1P_2 于 M_1、M_2 两点，则 M_1、M_2 为量点；

⑥ 过 B 作基准线 GL，将基准线等分，等分长度与 AB 等分长度相等；

⑦ 分别连接 M_1、M_2 与基准线上的等分点并延长至 P_1B、P_2B 延长线上；

⑧ 连接 P_1、P_2 与各等分点，即得两点透视场景图。

用两点透视图作图方法，作出如图 4-2-34～图 4-2-36、彩图 4-2-37 所示的平面图的效果图。

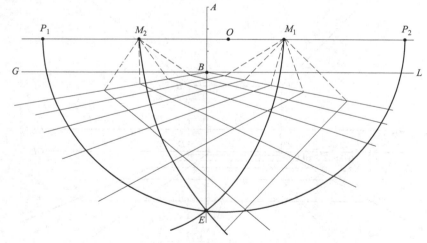

图 4-2-34 两点透视场景图作法

（3）鸟瞰图画法

鸟瞰图是视点高于建筑物的透视图，多用于表达某一区域的建筑群或园林总平面的规划，它更注重方案的整体效果。绘制方法参考一点透视和两点透视，注意视点的高度安排。此处不再赘述（图 4-2-38、彩图 4-2-39）。

五、功能分区图

风景园林项目通常会根据实际需求将其划分成若干个不同区域，每个区域内设置功能相

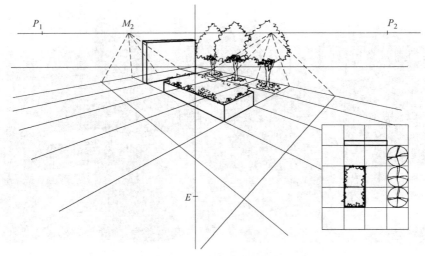

图 4-2-35 两点透视效果图

图 4-2-36 两点透视效果图示例（1）

近或相同的元素和设施，最终形成不同类型的活动空间，这些活动空间就是功能分区，而表达该项内容的图就称为功能分区图。功能分区是空间规划的首要内容，其规划是否合理将直接影响到项目的合理性和实用性。

根据不同的项目类型，功能分区的方法也不一样。设计者要根据项目的实际，结合组成元素的特征进行合理的布局与组合，在整体上形成有序、合理的游赏空间。在综合公园规划设计中，通常可以划分为入口景观区、中心景观区、休闲活动区、儿童活动区等以休闲娱乐为主的区域；在居住区景观规划中，通常可划分出入口景观区、中心景观区、儿童活动区、老人康乐区、健身运动区等以居民生活习性为主的区域。

功能分区图是方案的重要组成部分。在制作功能分区图的过程中，主要运用规范的图例，在项目总平面图基础上清晰地表达出功能分区的主要轮廓，同时使用专业术语为分区标注名称。

1. 常用分析图示例

功能分区图由线条及色块构成，主要线型线宽、指向标、颜色类型等均由方案设计师根据实际调整，如图 4-2-40 所示。

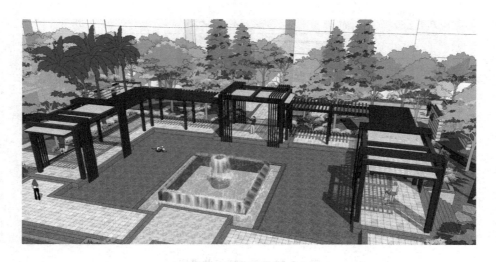

图 4-2-38　鸟瞰图（1）

图 4-2-40　常用分析图图例

2. 功能分区图示例

使用以上常用图标，根据项目的设计情况将近似功能区域归纳起来，用合适的颜色区分各功能区域，即可形成功能分区图（图 4-2-41、图 4-2-42、彩图 4-2-43）。

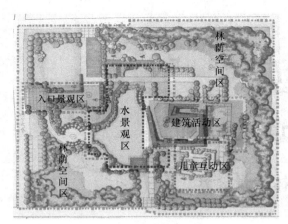

图 4-2-41　功能分区图示例（1）

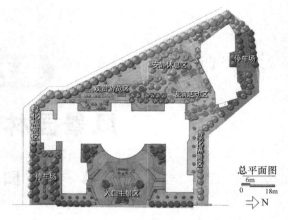

图 4-2-42　功能分区图示例（2）

思考题

1. 园林常用图纸有哪些？
2. 简述风景园林设计过程。
3. 常用园林平面图例有哪些？
4. 搜集园林图纸，练习读图。

第五章

风景园林造景基础

第一节　园林造景要素

一、地形

地形是指地球表面三维空间的起伏变化。地形是景观的基底与骨架,是形成景观空间与环境的实体要素,地形自身也能够成为优美的景观或将其进行艺术化的处理。由于地形是基底与骨架,进行地形设计需要有全局观,能统筹兼顾,综合考虑景观中的场地使用要求、山水空间要求、植物种植条件、地形排水条件等众多方面的因素。

1. 地形的类型

（1）平地

平地的定义,是指任何土地的基面应在视觉上与水平面相平行。但实际上在外部环境中,并无这种绝对水平的地形统一体,而是地形起伏较缓,让人感觉地面开放空旷,无遮挡。平地是所有地形里最简明、最稳定的,给人以舒适、平静、踏实的感受。平地的适应性很广,限制较少,能承载各种各样的活动需求,景观中的广场、建筑用地、草坪等很多场地都是以平地的形式出现的（图5-1-1）。在设计中还应避免大面积平坦、无明显起伏的地形给人带来的乏味感。

图 5-1-1　平地

（2）凸地

凸地是比周围环境的地势高的地形，表现形式有土丘、丘陵、山峦、小山峰。与平坦地形相比，凸地形是一种具有动态感和进行感的地形，是最具抗拒重力同时又代表权利和力量的因素（图5-1-2），很多重要建筑物往往位于山坡的顶端或高高的台基之上。凸地上的景物有时也成为一个城市或者一个区域的地标。

图 5-1-2　凸地

（3）山脊

山脊与凸地具有相似性。但山脊总体上呈线状，形状更紧凑、更集中。山脊可以限定空间的边缘，调节其坡上和周围环境中的小气候，山脊线上的视野最佳，是创造观景点、修建道路和安置重要建筑的最佳地点（图5-1-3）。

图 5-1-3　山脊

（4）凹地

凹地呈碗状洼地，比周围环境的地势低，是景观中的基础空间，具有隐蔽、安静、孤立、封闭等空间效果（图5-1-4）。凹地形的形成一般有两种方式：一是地面某一区域的泥土被挖掘而形成；二是两片凸地形并排在一起而形成。在凹地形中，空间制约的程度取决于周围坡度的陡峭和高度，以及空间的宽度。凹地形是一个具有内向性和不受外界干扰的空间，它可将处于该空间中任何人的注意力集中在其中心或底层。

图5-1-4　凹地

（5）谷地

谷地是呈线状的洼地，与凹地相似，在景观中也是一个低地，具有凹地的某些空间特性；同时它也与山脊相似，呈线状，具有方向性（图5-1-5）。值得注意的是，谷底通常伴有小溪、河流以及相应的泛滥区，属于生态敏感区。因此，在谷地进行开发时要加倍小心，避免对生态环境造成破坏。

图5-1-5　谷地

2. 地形的景观作用

（1）分隔空间

无论景观规模的大小，若缺乏有效的空间分隔，就会让人觉得索然无味，针对不同情况的景观可以用不同的元素对空间进行划分，地形是其中经济、有效的手段之一。利用地形可以有效地、自然地划分空间，使之形成不同功能或景色特点的区域。利用地形划分空间应从功能、现状地形条件和造景几个方面考虑。当利用地形分隔空间时，空间的底面范围、封闭斜坡的坡度、斜坡的轮廓线这三种因素会很明显地影响人们对空间的感受，景观设计可以利用这三种可变因素来创造无限变化的空间。

（2）控制视线

利用地形能在景观中将视线导向某一特定点，影响某一固定点的可视景物和可见范围，形成连续观赏或景观序列，也可以完全封闭通向不佳景物的视线。具有一定高差的地形能起到阻挡视线和分隔空间的作用，在设计中使被分隔的空间产生对比。

（3）提供活动场地

多样的地形可以适合不同功能类型的景观，为使用者提供多种活动场地。设计者应充分考虑使用者的各种活动需求，结合用地进行地形设计。

（4）改善小气候

地形是小气候形成的重要因素，在景观设计之初应对地块的地形认真分析，选择小气候优良的位置布置主要功能区。或在设计过程中通过适当的地形塑造，实现改善地块小气候的目的。

（5）美学功能

地表的造型，一方面是景观设计和各功能的基础，另一方面也被认为是一个有效的纯艺术形态。地形不仅可被组合成各种不同的形状，而且还能在阳光和气候的影响下产生不同的视觉效应。建筑、植物、水体等景观常常都以地形作为依托。

3. 地形设计原则

（1）因地制宜

即根据不同的地形特点进行有针对性的设计。充分利用原有的地形地貌，考虑生态学的要求，营造符合生态环境的自然景观，减少对自然环境的破坏和干扰。

（2）注重整体性

某一区域的地形是更大区域环境的一部分，地形具有连续性，不能脱离周边环境的影响，因此对于某一局部场地的地形设计要考虑周边各种因素的关系，力求达到最佳整体效果。

（3）安全性

地形设计应考虑安全性，如土壤自然安息角，即地形经自然沉降后坡面必须小于自然安息角，否则会出现滑坡或坍塌现象。

4. 地形改造技巧

（1）外观自然

改造后形成的地形地貌外观应以自然为佳，既要进行美的提炼，又要尽量与自然界的山水地貌形态相近，力求达到"虽由人作，宛自天开"。

（2）形态美观

经过改造的地形地貌应力求把自然界真山真水的美提炼并再现得更加美观，以满足当代人们日益提高的审美需求。

（3）功能性强并节省经济投入

在进行地形设计和改造时必须为其功能的发挥做好必要的铺垫，提供适宜的用地环境条件。即地形改造必须统筹兼顾，使景观的多种功能都能有适宜的地段得以充分有效地发挥和实现。在满足使用和观赏功能的前提下，应尽量减少挖填的土方量。另外，还应当注意减少土方的外运量，尽量做到挖填土方量自相平衡，这样还能缩短园林建造的工期，节省大量的人力、物力、财力。

5. 园路

（1）园路的作用

园林道路像脉络一样，是贯穿全园的交通网，是划分和联系各景区和景点的纽带，是组成园林风景的造景要素；同时又能参与保护环境，改善小气候。

① 分割空间，引导游览

在园林中的路往往能起到分割空间和组织空间的作用。公园中常常是利用地形、植物、建筑或园路，把全园分隔成各种不同功能的景区，同时又通过园路把各种不同的景区联系成一个整体，并深入到各个景点。园路可以使游人按照设计者的意图、路线和角度来游览园林的景物。

② 组织交通

园路的交通，首先是游览交通，即为游人提供一个舒适的、既能游遍全园又能根据个人的需要，深入到各个景点或景区的道路系统。在设计时，一定要考虑人流的分布、集散和疏导。应该为老年人、残疾人提供游憩的方便条件，合理地组织路线的变化。第二是园务交通，即为进行维修、养护、防火等方面的管理工作，提供相应的交通条件。在设计时要考虑这些车辆通行的地段，路面的宽度和质量。一般情况下，它可以和游览道路合用，但有时，特别是大型园林中、由于园务运输交通量大，还要设置必要的园务专用道路和出入口。

③ 构成园景

由于园路自始至终地伴随着游览者，影响着风景效果，所以园林铺地成为空间画面不可缺少的一部分，一直参与景的创造。园路参与造景主要有两个方面：

一是随着地形地势的变化，各种不同姿态的蜿蜒起伏的道路，可以从不同方向、不同角度与园内各个建筑和植物共同组合成景。

二是园路本身的曲线、质感、色彩、纹样、尺度、光影效果等，都给人以美的享受，也就是说园路本身也是景。

④ 为水电工程打好基础

园林中水电是必不可少的配套设施，为埋设和检修方便，一般将水电管线沿路侧铺设，因此园路布置要与排水管和供电线路的走向结合起来进行考虑。

(2) 园林道路的分类

① 一级园路

即园林中的主干道，是通达全园各个景区和主要景点的路，它往往形成园路系统的主环。应该简洁、明确，适应游人能快速地进入欲达的景区。由于游人一般都具有不愿意走回头路的心理，因此主路应尽可能地布置成环状。一般主路宽度为 4～6m，考虑救护、消防、游览车辆、垃圾车的通行。

② 二级园路

即次要道路，是辅助主干道进入景区的分散道。次要道路的宽度，应根据推测游人量和路周围的状况来定，一般宽度为 2～4m，能通行小型服务车辆。

③ 游憩小路

主要供游人休息散步，分散在景区内，遍布全园的各个角落，宽度一般为 1.2～2m。它和园林中的景区、景点直接相连，融为一体，由于形式、铺装上的变换多样，其本身就是很好的观赏景点。游憩小路翻山则成为山径；入林则成为林径、竹径；涉水则和桥、汀步相连。两侧绿化要考虑游人近距离观赏或留影，要精心配置。

④ 变态路

根据游赏功能的要求，还有很多变态的路，如步石、汀步、礓磙、蹬道等。

(3) 园林道路布局要点

① 分清交通性与游览性

园林中的道路布局是以游览为主要目的，故不以捷径要求为准则，只是在主要道路的布局上要考虑车辆的通行安全，在道路的起伏与曲折上须考虑交通性，但总体上还要具有游览的特性。

② 主次分明

园林道路的主次区别，表现在道路的宽度、曲度、路面铺装材料及绿地设计的不同。主路是大量游人集散的通道，与园外城市道路紧密相连，联系着园内各景区中心和管理区，有时还有机动车通行，因此，其宽度要大、曲度要小、路面承压力要强。次要道路为主路的辅助道路，用以联系各景区的景点，以游人流动为主，一般没有大型机动车通行，故路面宽度可窄些，铺装材料的力学强度可小些。

③ 因地制宜，整体连贯

园林的地形变化决定园林面积的大小、景观的多少及道路的布局形式，如狭长的园林地形，使园内的主要活动设施呈带状安排，其主要道路必呈带状。面积较小的游园，虽呈方形，但容纳内容很少，不可能分出主、次干道和小路三种类型。面积较大的山水园林，园内主要活动设施往往沿湖和环山布置，园内的主干道必然是套环式。如果各景区内的景点分布零散也必须采用环形串联。从游览角度要求，园林路网安排要尽可能呈环状，免得出现"死胡同"或使游人走回头路。

④ 疏密合理

园林道路的疏密和景区的性质、地形、游人的多少有关。一般安静休息区道路密度及宽度可小些，文娱活动区及各类展览区道路密集度及宽度要大些；游人多的地方密度要大些，山地和地形复杂的地方密度小些。

⑤ 合理安排起伏曲折

园路通常是曲折迂回的，这种变化是有原因的，一方面是地形、地物的要求，如道路在前进的主向遇到了山丘、水体、建筑、树木、石块或山路较陡，为了减缓坡度，而需要盘旋而上或绕路而行；另一方面是功能上的要求，如为了组织风景，延长游览路线，扩大空间，使园路在平面上有适当的曲折。

园路的布置应根据需要而有疏有密，并切忌互相平行，但曲线不像直线那样易于控制和运用，恰当的曲线使人们从紧张的气氛中解放出来，而获得安适和美感，如运用不好，又会使所要表现的意图分散，使空间变得软弱无力。

⑥ 园路与建筑

靠近道路的建筑一般面向道路，并应有不同程度的后退，或形成建筑前广场，或另有道路与建筑相通，也可将靠建筑的一段道路加宽，一般道路不能横穿建筑物，可穿越的建筑只限于洞门、花架门和有支柱层的建筑。

⑦ 园路与水体

规则式园林中的分散性水体与道路广场合为同一空间，结成一体，如广场中的水池、喷泉，主干道中间的带状喷泉和跌水。这些水体是道路与广场的组成部分，是所在空间的主景。

自然式园林中的道路与水体的关系变化较多。因为道路与水体是相对独立的，彼此可分可合。凡靠近湖岸的道路，一般设有临水建筑和亲水平台，可与湖对岸构成对景，具有开敞景观。

⑧ 园路与植物

a. 一级路旁植物配置：一般来讲，平坦笔直的一级道路两旁常用规则式配置，最好植以观花乔木，并以花灌木作为下木，丰富园内色彩。主路前方有漂亮的建筑作为对景时，两旁植物可以密植，使道路成为一条甬道，以突出建筑主景。入口处也常常为规则式配置，可以强调气氛。

蜿蜒曲折的园路，一般以自然式配置为宜，沿路的植物在视觉上应有挡有敞，有疏有密，有高有低。路旁若有微地形变化或园路本身高低起伏，最宜进行自然式配置。若在路旁微地形隆起处配置复层混交的人工群落，最得自然之趣。

如遇水面，对岸有景可赏，则路边沿水面一侧不仅要留出透视线，在地形上还需稍加处理，要在顺水面方向略向下倾斜，再植以草坪，诱导游人走向水边去欣赏对岸景观。

b. 二级路与小路旁植物配置：二级路和小路两旁的植物种植较之主路可灵活多变。由于路窄，有的需要在路的一旁种植乔木、灌木就可以达到既可遮阴又可赏花的效果。

⑨ 园路的交叉口处理

园路的交叉要注意以下几个要点：
a. 避免多条路交叉。这样的路况比较复杂，导向不明确。
b. 两条主要道路相交应尽可能采取正交，避免游人过于拥挤可设置成小广场。
c. 如果两条道路成锐角斜交，锐角不应过小，避免人行穿过绿地，考虑方便车辆转弯。
d. 两条道路成丁字形交接时，在交点处可布置道路对景。

⑩ 园路坡度

园路在山坡，坡度≥6%时，要顺着等高线作盘山路状。考虑汽车行驶，坡度不大于15%；考虑自行车行驶，坡度不大于8%；考虑人力三轮车，坡度不大于3%；游人步行坡度≥10%时，要考虑设置台阶。

⑪ 园路铺装

园路铺装要求坚固、平稳、耐磨、防滑和易于清扫，同时要满足景观设计在丰富景观、引导游览和便于识别方面的要求。

园路按使用材料的不同，可分为整体路面、块料路面和碎料路面（图5-1-6）。主要园路常采用混凝土和沥青的整体路面；次要园路常采用天然石块、预制混凝土块等块状路面；游憩小路采用碎石、卵石、砖渣等碎料路面。

二、植物

1. 植物在风景园林中的作用

（1）生态效益

植物可以净化空气、水体和土壤，可以吸收空气中的烟尘、有害气体、杀菌，也可以调节大气温湿条件。植物通过叶片的蒸腾作用，调节空气的湿度，从而改善城市小气候。植物也可以减少城市中的噪声污染。通过科学的绿地设计，还能具有防灾避难、保护人民安全的作用。

（2）社会效益

作为一种软质景观，植物可以柔化建筑生硬的轮廓，达到美化城市的效果，也可以提升城市形象，展现城市风格。优秀的植物景观还可以陶冶情操，提供日常休闲、文化教育、娱乐活动的场所。

（3）经济效益

许多植物具有很高的经济价值。例如，果树、香料树种、药用植物等。

2. 植物的分类

（1）树木

① 乔木

乔木是指高6m以上，具有明显木本主干的直立树木。根据其高度不同可分为大乔木（高20m以上）、中乔木（高11~20m）、小乔木（高6~10m）；按其生活习性可分为常绿乔木和落叶乔木；根据叶片的大小可分为阔叶乔木和针叶乔木。

乔木是景观中的核心植物，其主干挺拔、树形高大，常常成为园林绿化的视线焦点，在植物配置过程中应该优先确定。乔木的种类丰富，不同地域应选用适宜的树种。

② 灌木

灌木是指没有明显主干、呈丛生状且通常低于6m的木本植物。灌木可根据其高度的不同细分为大灌木、中灌木和小灌木。大灌木一般在2m以上，可进行垂直面的限定；中灌木高度为1~2m，低于人的视线，尺度亲切，便于人靠近观察其花、叶、果的特点；小灌木的高度一般不超过1m，常将小灌木修剪成绿篱的形式。还可根据灌木的叶、花、果的不同

(a) 整体路面

(b) 块料路面

(c) 碎料路面

图 5-1-6　园路铺装

特点，从观赏角度分为观叶、观花、观果等类别。

③ 藤本植物

藤本植物也称为攀缘植物，指自身不能直立，需要依附在其他物体上才能生长的植物。藤本植物按其攀缘习性可分为缠绕类、卷须类、吸附类和蔓生类四种。风景园林设计中运用藤本植物的特性对环境进行垂直绿化、壁式造景、篱笆式造景、棚架式造景等，这几种方法都是园林设计中常见的方式（图 5-1-7）。

图 5-1-7　紫藤花架

（2）草坪及地被植物

① 草坪

草坪也称为草皮，是以栽植人工选育的草种成为矮生的密集的植物覆盖的地面，具有改善和美化环境的作用。

② 地被植物

地被植物指用于覆盖地面的矮小植物，高度一般不超过 0.5m。地被植物通常与草坪配合以增加地面绿化层次。

（3）花卉

花卉是园林中重要的造景材料，是指姿态优美、花色艳丽、具有观赏价值的草本或木本植物。按照形态特征和生长习性，可以分为宿根花卉，一、二年生花卉，球根花卉等（彩图 5-1-8）。

3. 植物配置的原则

（1）师法自然

植物造景主要是栽培群落的设计，设计时必须遵循本地区的自然群落的发展规律，即植物选择应以乡土植物为主，引种成功的外地优良植物为辅；植物种植上要使园林植物的生态习性和栽培地点的生态条件基本适应，以保证植物的成活和正常生长，这样不但经济，而且成活率高，还可以充分显示园林的地方特色（彩图 5-1-9）。

（2）按照园林的性质和使用功能要求进行植物造景

植物造景，要从园林的性质和主要功能出发。园林具有多种功能和作用，但具体到某一绿地，总有其具体的主要功能，因此植物造景也不同。如城市工厂和居住区之间的卫生防护林，主要功能是隔离、吸收和过滤有害气体和烟尘，应选择抗污染性强的树种，并根据有害气体流动的规律，确定植物组合结构；而街道绿地的主要功能是庇荫、组织交通和美化市容，植物应选择冠大荫浓、树形美观的树种（图5-1-10）。

图 5-1-10　苏州某道路绿地

（3）根据艺术美的原则进行植物造景

植物景观设计同样遵循着绘画和造园艺术的基本原则，即统一、调和、均衡和韵律。

① 统一原则

植物景观设计时，树形、色彩、线条、质地及比例都要有一定的差异和变化，显示多样性，但又要使它们之间保持一定相似性，引起统一感。运用重复的方法最能体现植物景观的统一感。如街道绿地中的行道树，用等距离配植同种、同龄乔木树种，或在乔木下配植同种、同龄花灌木，这种精确的重复最具有统一感。

② 调和

通过布局形式、造园材料等方面的统一、协调，使整个景观效果和谐。植物景观设计时要注意相互联系和配合，使人具有柔和、平静、舒适和愉悦的美感，找出近似性和一致性，配置在一起才能产生协调感。

③ 均衡

均衡是视觉艺术的特性之一，在园林空间中景物都要赏心悦目，使人心旷神怡，所以景物在构图上都要求达到均衡。均衡能促成安定，防止不安和混乱，给景物外观以魅力的统一。均衡分为对称均衡和非对称均衡两种类型。

④ 韵律和节奏

有规律地再现称为节奏，在节奏的基础上深化而形成的既富于情调又有规律、可以把握的属性称为韵律。

（4）要充分利用植物的色、香、姿等特色

不同的园林植物具有不同的观赏特性，如银杏、鹅掌楸的叶形；玉兰、紫薇的花色；月季、桂花的芳香；垂柳、毛白杨的树姿；松、竹、梅的气质美，所以在进行植物景观设计时，要充分发挥植物的特色。

4. 植物配置的方式

植物的配置方式千变万化，不同的场地和不同的造景目的可以有多种植物组合方式。归纳起来，植物的配置方式有孤植、对植、丛植、树群、树林、列植等。

（1）孤植

孤植的配置方式主要体现植物的个性美，多设置在空间中的突出位置（图5-1-11）。孤植树一般体量较大，植株姿态优美，树形挺拔。孤植树常布置在大草坪或林中空地的构图中心上，与周围的景点要取得均衡和呼应，四周要空旷，要留出一定的视距供游人欣赏。一般最适距离为树高的四倍左右。也可以布置在开阔的水边及可以眺望辽阔远景的高地上。在自然式道路或河岸溪流的转弯处，也常要布置姿态或色彩突出的孤植树吸引游人继续前进。

孤植树并不意味着只能栽植一棵树，有时为了增强树的雄伟感，可以将两株或三株同一种树紧密地种在一起，形成一个整体，效果如同一棵丛生树，也算孤植树。

图 5-1-11　孤植

（2）对植

对植是指按一定轴线关系对称或均衡对应种植的两株或两组树木景观（图 5-1-12）。对植手法常用于建筑前、广场入口、大门入口等以体现均衡美为主的场所。对植可分为对称对植和均衡对植。对称对植要求两侧树木在尺度、形态、色彩上保持一致，一般为同一树种。均衡对植不要求两侧的树种、树形完全一致，相对灵活。

（3）丛植

丛植指由 3～10 余株树木，按照一定的构图形式组合成一个整体，着重体现群体美，设计时要考虑多株植物相连构成的外轮廓线以及它们之间的组合关系。丛植可以形成极为自然的植物景观，丛植的植物品种可以相同，也可不同，植物的大小、姿态、色彩等应尽量有所差异，按照美学规律进行配置（图 5-1-13）。

（4）树群

树群指由多株（20～30 株）乔木或灌木混合栽植，分为单纯树群和混交树群。单纯树群只有一种树木，其树木种群景观的特征显著，郁闭度较高。混交树群由多种树种混合组成一定范围树木群落景观，是园林树群设计的主要形式，具有层次丰富、景观多姿多彩、持久

图 5-1-12 对植

图 5-1-13 丛植

稳定的特点（图 5-1-14）。

(5) 树林

树林是大量树木总体，它不仅数量多、面积大，而且具有一定的密度和群落外貌，对周围环境有着明显的影响（图 5-1-15）。树林可分为疏林和密林。

密林郁闭度为 0.7～1.0，阳光很少透入林下，土壤湿度较大，地被植物含水量高、组织柔软脆弱，是经不起踩踏和容易弄

图 5-1-14 树群

脏衣物的阴生植物，树木密度大，不便游人活动。

疏林郁闭度为0.4～0.6，常与草地相结合，又称为疏林草地。疏林是风景区和大型公园经常使用的一种布置形式。

（6）列植

列植也称行列式栽植，指乔木、灌木按照一定的株行距成行成排的种植形式。这种种植方式常见于行道树和规则式广场。列植具有强烈的秩序感（图5-1-16）。

图5-1-15 树林

图5-1-16 列植

（7）植篱

植篱指由同一种植物做近距离密集列植成篱状的树木景观（图5-1-17）。常用于分隔、屏障或做花境、花坛、雕塑、喷泉等的背景。可分为花篱、绿篱、果篱、树墙等。

（8）花坛

凡在具有一定几何轮廓的植床内，种植各种不同色彩的观花或观叶的园林植物，从而构成有鲜艳色彩或华丽图案的造景方式称为花坛（图5-1-18）。花坛富有装饰性，在景观构图中可作主景或配景。不同的环境会使用不同的花坛类型，如组合花坛、独立花坛等。

图5-1-17 植篱

图5-1-18 花坛

（9）花境

花境是根据自然界中林缘地带多种野生花卉交错生长的状态加以艺术提炼，而应用于景观造景的一种花卉应用形式，以宿根花卉为主，配以花灌木，一、二年生花卉，球根花卉等。花境不但要表现植物的个体美，更要展现植物组合的群体美。花境的边缘可以采用自然曲线或直线，其种植池也可以是规则的形状，但一般花境内植物的配置多采用自然的形式，充分体现了规则与自然的结合。设计中应注意花色、花期的配合，整体上形成自然协调的美感（彩图 5-1-19）。

三、水体

水体作为水的集合体，是地表水圈的重要组成部分。水体是景观中最富有生气的元素之一，有着丰富的表现力。人类喜水的天性使水对人产生不可抗拒的吸引力。不论是在西方还是东方，利用水体造景的历史都源远流长。

1. 水体的功能

从水体的景观营造方面考虑，水体具有以下功能。

（1）丰富视觉内容

水体作为一种流动、柔性的景观元素，可以通过各种实体形态和物理手段形成不同的水景造型，具有无穷的视觉表现力，对景观空间起着丰富和美化的作用。水体既可以作为空间中的视觉背景，也能够形成空间中的视觉焦点，还可以进行空间的划分，形成区域景观特色。

（2）调节小气候

水体能调节改善小气候，对场地环境具有一定的影响作用。大面积水域能增加空气湿度，降低空气温度，并具有一定的清洁作用，有利于人们的身心健康。

（3）开展水上活动

为满足人的亲水天性，提升空间的魅力，可以利用水体开展多种水上娱乐活动，如划船、垂钓、游泳、漂流等，这些活动极大地丰富了人们对空间的体验，拓展了整个环境的功能组成，增加了空间的可参与性和吸引力。

（4）为水生动植物提供生存环境

水体能够提供观赏性水生动物和植物的生长条件，为生物多样性创造必需的环境。营造水生生物适宜的生存环境，是建设生态景观的重要内容。

2. 水体景观

按照水体形成的景观可以分为以下几类。

（1）湖和海

湖和海是景观中的大片水面，一般有广阔曲折的岸线与充沛的水景。如果水面有山体、塔等景物的倒影，则增加了水体的虚实明暗对比变化。通常为避免大水面过于单调平淡，常将大水面空间进行分隔，形成几个趣味不同的水面分区。

（2）水池

一般指稍小的水面，分为自然式和规则式两种。水池可以结合建筑、广场、花坛、雕塑、假山等进行布置。水池可以作为景区局部的主景或附景，也可结合地面排水系统设置为积水池。

（3）溪涧

一般溪浅而阔，涧狭而深，溪涧设计总体应有收有放，有分有合，适当弯曲，构成大小不同的水面与宽窄各异的水流。

（4）叠水和瀑布

叠水是通过阶梯状的叠水构筑物所形成的水流层叠下落的造型。叠水构筑物形式多样，使得叠水造型灵活多变。

瀑布具有较高的落差变化，使水流呈现直落的效果，因出水口的不同形式可形成不同落水的状态，如线状、点状、帘状、柱状等。

（5）泉

景观中泉可以分为天然泉和人工泉。泉又可按其出水情况分为涌泉、喷泉、壁泉等。涌泉多为天然泉水，常自成景点。喷泉是完全依靠人工设备的水景形式，是水景中最具表现力的元素，因其多变的造型、灵活的控制方式，在设计中被广泛应用。

（6）河流

河流按功能要求可分为通航型和观赏型两类，属于动态水体，设计时应对护坡、植物、道路、观景平台等进行整体考虑。

（7）井

井可结合故事传说，或以优良的水质而自成一景，也可在井边建亭、廊等共同造景。

（8）岛

用岛划分的水体仍然存在连续感，岛在水中可以增加景观的层次，打破水面的单调感。岛在水中的位置尽量避免居中，一般多在水面的一侧；岛的数量也不宜过多，应视水面大小及造景要求而定。一般岛的体量宜小不宜大。

（9）驳岸

驳岸是亲水景观中应重点处理的部位，驳岸与水线形成的连续景观线是否能与环境相协调，不仅取决于驳岸与水面间的高低关系，还取决于驳岸的类型及用材的选择。驳岸可以采用自然式驳岸、硬质驳岸和园林式驳岸多种形式。

（10）桥

桥在自然水景和人工水景中都起到不可缺少的景观作用，其功能作用主要有：形成交通跨越点；分割河流和水面空间；形成区域标志物和视线焦点；提供眺望河流和水面的良好景观场所。其独特的造型本身也具有一定的艺术价值。

3. 水体的营造要点

（1）源于自然、高于自然

水体本是大自然的一种物质形式，水景的创造是将大自然的水体美再现于人工环境中。水景的创作并不局限于大自然水体的原始美，也可以创作更加形式多样的水景。

① 对自然水体形态的模仿与提炼

大自然的水体形态十分丰富，研究这些水体的形态并加以模仿、提炼，很适合用于自然风格的环境中。

② 对水的意境的营造

水经过人为的观察和理解，被赋予一种道德或哲理的韵味，从而产生了意境。在进行水体设计时，应结合景观的主题，提炼出水景所要体现的意境，并通过选取水体的形式，搭配植物、小品等，创造出水的意境。

（2）注重参与性

人具有亲水性，喜欢和水保持着亲近的距离。在设计中对人的亲水性要充分考虑，不仅要设计供人观赏为主的景观，更要提供给人们直接参与的游泳池、旱喷泉广场（图 5-1-20）、戏水池等场地。在水体设计中要把握好水体和整个环境的关系，同时要处理好水体中各要素的关系。

四、山石

山石是指人工堆叠在景观空间中的具有观赏价值的假山和自然石。中国古典园林的石景艺术历史悠久，山石一直是重要的造景素材。现代景观中山石仍然广泛应用，千姿百态的石景，丰富了城市空间的内涵。

1. 山石功能

（1）用作艺术造景

图 5-1-20　旱喷泉广场

山石艺术造景是指以山石为素材通过艺术加工营造具有观赏功能的石景。通常利用石材的纹理、轮廓、色泽、形态等在环境中充当景观焦点。石在景观中可以独立成景，展示个体美，也可以堆叠成山，展示群体的组合美。自然景石的利用在一定程度上可以缓解城市空间的僵硬感，增加空间的厚重感和人文气息；高度人工化的城市空间和自然山石的组合对比，会带来视觉上的美感。

（2）构建空间地形骨架

通过山石的加工组合，堆山置石可以构建环境地形骨架，影响整体空间格局，并决定着地形的竖向变化。整体空间的地形起伏、转折皆以此为基础，体现出山石有效组织空间，起着分隔、穿插、连接、导向及扩展空间的作用，对于景观的空间序列有决定作用。

（3）点缀空间

在现代环境空间中，山石常常作为环境的点缀。通过散置在环境中的自然石起到丰富空间视觉效果的作用。用于点缀的山石体量较小，多成组出现，通常不作为空间的中心景观，而偏重于增加环境的自然气息。用于点缀的景石要注意相互之间的搭配关系和景石与环境空间的关系。

2. 山石设计要点

（1）设置适宜的尺度

布置山石应把握好空间比例尺度，要与环境尺度协调。在小尺度环境中，山石造型不宜太大，以空间点缀为主，否则会令人感到局促；在空旷的环境中，山石造型应具有一定体量和高度，并加强山石与其他元素的组合。

（2）体现整体感

山石的选用要符合总体设计要求，注重整体空间效果，整体造型要符合自然形态规律，且做到形态均衡、主次分明。

（3）考虑游人的视觉效果

对于山石的布置要考虑到游人的视觉体验，防止山石对人流通行形成障碍。可根据人流或视线方向，将山石布置在游人视线焦点处，形成视觉中心；也可利用山石对游人视线进行一定遮掩，丰富景观层次。

（4）与其他造景元素结合

山石的设计要考虑和自然元素的结合布置，例如山石和植物、水体、地形结合组景，也可以利用石刻、题咏、基座来修饰景石。

3. 山石造景手法

山石造景包括置石和堆山两部分。置石是以山石为材料作独立性或附属性的造景布置，主要表现山石的个体美或局部的组合。堆山则具备完整的山形，相对规模较大。

（1）置石

① 特置

园林中特置的山石，亦称为孤赏石。凡作为特置用的岩石体量宜大，轮廓清晰，有较完整的形象。特置岩石要配特置的基座，方能作为庭园中的摆设。岩石特置在景中常作主景用。

② 对置

将两个景石布置在相对的位置上，呈对称或者对应状态，这种置石方式即是对置。对置景石由于布局比较规整，给人严整的感觉。两块景石的体量、姿态、方向和布置位置可以保持对称关系，也可以有所区别。

③ 散置

将若干块景石有组织地散落布置称为散置。散置侧重于景石之间的组合关系，对单个石材的造型要求相对较低。常用于水边、草坪、广场、建筑角隅等处。散置布置时要注意石组的平面形式与立面变化。三块以上的景石排列不能呈等腰三角形、等边三角形和直线排列，宜采用不规则三角形排列。立面组合要力求多样化，错落有致，表现出组合的自然形态美感。

④ 群置

多数山石以较大的密度有机地布置在一起称为群置。石群内各景石应相互呼应、主次分明、重点突出、层次清晰。

（2）堆山

根据堆山的主要材料不同，可将假山分为土山、土石山和石山。

① 土山

用泥土作为堆山的主要材料，在陡坎、陡坡处可用块石作护坡、挡土墙或作蹬道，但不用自然山石造景。这类假山占地面积大，可以构成场地的基本地形和景观背景。土山有利于植物生长，能进行植被的种植，形成自然山林景观。

② 土石山

即土石相间的堆山方式，可分为以土为主的带石土山和以石为主的带土石山。

带石土山是以土山为主体，配置少量山石，用以固定土壤，形成优美的山体轮廓。此类假山可以做的较高，用地面积较少。

带土石山从外观看主要是由自然山石造成，由山石围成山体的基本形状，构成山体的骨架，然后再覆土，土上可栽种植物。这种假山占地面积较小，山的特征最为突出。

③ 石山

以自然山石堆叠而成的假山。因用石极多，石山造价较高。石山规模一般较小，主要用在庭院、水池等空间用作点缀，或者作为瀑布、滴泉的山体应用。堆叠石山的手法很多，难度较大，需要较高的艺术修养和技术水准。

五、建筑

建筑在景观环境中具有重要作用，这里主要讲解园林建筑相关的一些内容。园林建筑是指在园林中既具有造景功能，同时又能供人游览、观赏、休息的各类建筑物。

1. 园林建筑的功能

(1) 点景

即点缀风景，自身作为一个景点融合在其中，重要的建筑物常作为风景园林一定范围内甚至是整个园林的构景中心。

(2) 赏景

即观赏风景，以建筑作为观赏园内或园外景物的场所。一栋建筑常成为画面的关键，而一组建筑物与游廊相连则成为动观全景的观赏线。因此要充分考虑建筑的位置、朝向、门窗形式等。

(3) 组织游览路线

当人们的视线触及某处优美的园林建筑时，游览路线就会自然而然地延伸，建筑常成为视线引导的主要目标。

(4) 组织园林空间

以一系列的建筑构成各种形式的庭院、游廊、花墙、洞门等是组织空间、划分空间的最好手段。

2. 园林建筑的分类

园林建筑按其使用功能可以分为以下几类。

(1) 园林建筑小品

一般体形小，数量多，分布广，具有较强的装饰性，注重外观形象意识，兼有一定使用功能。如园椅、园灯、园林栏杆、景墙、展览牌。

(2) 服务类建筑

为游人在游览途中提供生活上服务的建筑，如小卖部、餐厅、厕所、茶室等。

(3) 游憩性建筑

供游人休息、游赏用，有简单的使用功能，有优美的建筑造型。如亭、廊、花架等。

(4) 文化娱乐性建筑

供园林开展活动的建筑，如露天剧场、展览室等。

(5) 园林管理用房

包括公园大门、栽培温室等。

(6) 公用类

包括果皮箱、导游牌等。

3. 园林建筑设计要点

(1) 满足功能要求

园林建筑的设计首先要满足功能要求，即符合技术上、尺度上和造型上的特殊要求，要因地制宜、综合考虑。例如，亭内座椅的设计要符合人体就坐尺度，选址要有景可赏，并能控制或装点风景。

(2) 满足造景要求

园林建筑的设计要巧于利用基址，与自然环境有机结合。还应注意室内外相互渗透，使空间富于变化。

第二节 园林造景手法

造景即人为地在园林绿地中创造一种既符合一定使用功能又有一定意境的景区。人工造景要根据园林绿地的性质、功能、规模，因地制宜地运用园林绿地构图的基本规律去规划设计。

一、主景与配景

任何园林绿地，无论大小，无论复杂还是简单，都有主次之分。主景是园林的重点、核心，它是构图中心并且提醒园林功能与主题。在设计中要从各方面表现主景，做到主次分明。

突出主景的方法如下。

1. 升高主体

园林构图中常把主景在高度上加以突出，让主景升高。主景主体升高，相对地使视点降低，看主景要仰视。一般可取得以简洁明朗的蓝天远山为背景，使主体的造型、轮廓鲜明地突出，而不受其他因素干扰和影响。例如，颐和园中的佛香阁位于万寿山山顶，给人一种宏伟壮观的景观感受。

2. 轴线焦点运用

轴线焦点是园林绿地中最容易吸引人注意力的地方，把主景布置在轴线上或焦点位置就起到突出强调的作用。

3. 视线向心

人在行进过程中视线常常是朝向中心位置，中心就是焦点位置，把主景布置在这个焦点位置上，就起到了突出作用。焦点不一定是几何中心，但要是构图中心。

4. 空间构图的重心

规则式园林，主景常居于构图的几何中心；自然式园林，主景常布置在构图的重心上。

5. 逐渐引导

采用渐变节律之法，从低到高，逐级递进，由序幕达到高潮，引出主景。

相对而言，配景则多采取序幕、侧置、降低、小化等的方式配置，纳入统一构图之中，形成主从有序的对比与和谐，烘托出主景。

二、近景、中景、全景与远景

近景是近视范围较小的单独风景；中景是目视所及范围的景致；全景是相应于一定区域范围的总景色；远景是辽阔空间伸向远处的景致，相应于一个较大范围的景色。远景可以作为园林开阔处瞭望的景色，也可以作为登高处鸟瞰全景的背景。山地远景的轮廓称轮廓景，晨昏和阴雨天的天际起伏称为朦景。

三、借景

借景即将园内视线所及的园外景色组织到园内来，成为园景的一部分。借景是中国造园艺术中独特的手法，无形之景与有形之景交相辉映，相映成趣。借景要达到"精"和"巧"的要求，使借来的景色同本园空间的气氛环境巧妙地结合起来，让园内园外相互呼应汇成一片。借景能扩大空间，丰富园景，增加变化，按景的距离、时间、角度等，可以分为以下几种。

1. 远借

把园外远处的景物组织起来，所借景物可以是山、水、建筑等（彩图5-2-1）。远借虽然对观赏者和被观赏者所处的高度有一定要求，但产生的仍是平视效果。

2. 邻借

即把邻近园子的景色组织起来（图5-2-2），是间隔距离较短的借景。周围的景物，只要是能够利用成景的都可以借用。

3. 仰借

利用仰视所借之景观，借居高之景物。仰借之景物常为山峰、瀑布、高阁、高塔之类

（图 5-2-3）。

图 5-2-2　邻借

图 5-2-3　仰借

4. 俯借

俯借是由高向低处俯视而获得景观，视线开阔，会产生一种豪放、雄旷的审美心态。可借之物一般为江湖原野、湖光倒影等（彩图 5-2-4）。俯借要求观赏者视点高，应考虑游客的安全，在边界处设置护栏、铁索、墙壁等保护。

5. 应时而借

利用一年四季、一日之时，大自然的变化和景物的配合而成（图 5-2-5）。许多名景都是应时而借而成名的，如"平湖秋月""南山积雪""卢沟晓月"等。

图 5-2-5　应时而借

第五章　风景园林造景基础

四、对景

凡位于园林绿地轴线及风景透视线端点的景叫对景，包括正对和互对两种形式：正对指在中轴线端部布置的景点或以轴线作为对称轴布置的景点（图5-2-6）；互对指在轴线或风景视线的两端设景，两景相对，互为对景（图5-2-7）。

图 5-2-6　西安大雁塔对景

图 5-2-7　互为对景

五、分景

分景指对园林空间进行合理的分割和组合的处理方式。中国传统园林多采用分景的手法，把大空间分隔成若干变化多样的丰富空间，虚实相间，形成丰富的景色。分景按其目的作用和景观效果，可分为障景和隔景。

1. 障景

凡能抑制视线，引导空间转变方向的屏障景物均为障景。障景是人的视线受到抑制，空间引导方向发生改变，转到另一空间，有豁然开朗之感，可达到先抑后扬、增强主景感染力的作用，可用山石障、影壁障、树丛障等。障景还能隐蔽不美观和不可取的部分。在园林中进行障景处理时，障景一定要高于视线，否则就无障可言（图5-2-8）。

图 5-2-8　入口障景

2. 隔景

凡将园林绿地分隔为不同空间、不同景区的手法称为隔景（图5-2-9）。

隔景分为实隔、虚隔、虚实相隔。

实隔：指游人视线不能从一个空间看到另一个空间，造景上便于独创一格。常用的材料有建筑、实墙、山石、密林等。

虚隔：指游人视线可以从一个空间透入另一个空间，空间与空间之间完全通透。常用水面、山谷、桥、路、堤等相隔。

虚实相隔：指游人视线有断有续地从一个空间透入另一个空间，两个空间虽隔又连，隔而不断，景观能够相互渗透。常用开漏窗的墙、

图 5-2-9 隔景

花架、铁栅栏、长廊、疏林等分隔空间。

六、框景

凡利用门框、窗框、树框、山洞等，有选择地摄取某空间的优美景色，像嵌于镜框中的立体风景画，称为框景。框景的作用在于把园林绿地的自然美、绘画美与建筑美高度统一在一幅立体的"风景画面"中。因为有简洁的景框为前景，所以使视线高度集中于"画面"的主景上，给人以强烈的艺术感染；另外也使室内外空间相互渗透流通，扩大了空间，增加了诗情画意。

框景有两种构成方式：一种是对景设框，即先有景，则框的位置应朝向最美的景观方向；另一种是设框取景，即先有框，则应在框的对景处布置景色。

园林中一般将框景安排在以下几个位置。

1. 入口

一个景区的入口处，以园门作为景框，门内安排一组景物，将多种造景要素合理安排，使游人在入口处即有一种进入画境的美感（彩图 5-2-10）。

2. 走廊的转角或尽头

游人在廊内行走，视线容易停留在走廊的尽头或前方的转角处，所以在此处可以安排一定的远景或近景供廊内欣赏（图 5-2-11）。

3. 沿园墙或长廊一边有墙的单面廊

墙上按一定距离开设各种窗洞，借以取得框景。当游人行走于廊，可以从每个窗框看到不同的框景，景观的变化有一定韵律感（图 5-2-12）。

4. 室内

室内的各式风窗、门扇在开窗、开门后可静坐室内欣赏室外的各种风景，即静态观赏（彩图 5-2-13）。

七、漏景

通过透漏空隙所观赏到的若隐若现的景物即为漏景，是由框景发展而来。框景是景色清楚，漏景则是若隐若现。漏景比较含蓄，有"犹抱琵琶半遮面"的感觉。漏景可以从漏花窗、花墙、树干、疏林及飘拂

图 5-2-11 廊尽头的框景

图 5-2-12　墙面框景

的柳丝中取景（图 5-2-14、图 5-2-15）。

图 5-2-14　漏窗漏景　　　　　　　　图 5-2-15　树干漏景

八、夹景

远景在水平方向视界很宽，但其中又并非都很动人，因此，为了突出理想的景色，常将左右两侧以树丛、树干、土山、建筑等加以屏蔽，于是形成左右遮挡的狭长空间，这种手法称为夹景。夹景的作用是突出轴线或端点的主景或对景；起障丑显美、美化风景构图的效果；具有增加景深的造景作用（图 5-2-16）。

图 5-2-16　夹景

九、添景

在主景或对景前所增设的前景称为添景。其作用是丰富层次感，增加景深。添景可以是建筑小品、山石、林木等。特别是姿态优美的树木无论是一株或几株都能起到良好的添景作用（彩图 5-2-17）。

十、点景

即抓住园林绿地中每一景观的特点及空间环境的景象，再结合文化艺术的要求，进行高度概括，点出景色的精华，点出景色的境界，使游人有更深的感受。点景的手法很多，下面介绍几种。

1. 景物的命名

景物命名应达到"闻名心晓"的作用。景物的命名通常以三字或四字定名较多，如平湖秋月、花港观鱼、水心榭、如意洲、勤政殿等。景色的命名应注意：取名与造景目的结合、与风景环境特点结合、与意趣结合（图5-2-18、彩图5-2-19）。

图 5-2-18　与谁同坐轩

2. 园林题咏

其为点景中运用最多的手法。园林题咏可用匾额、对联（景联、楹联）、石碑、石刻等形式表现。园林题咏不但能点缀亭榭、装饰墙壁，而且可以发人深思。游人进入园林空间后，由于各种感觉因素的作用，使感情升华，匾额和楹联正是表达这种感情的一种形式，是情和意形象的集中表现。有些游人一边赏景，一边吟咏匾额和对联上的诗词，顿有所悟，仿佛找到了自己想说而又找不到恰当表达的语言，从而加深领会园林之美和设计者意境的表达（图5-2-20～图5-2-22）。

图 5-2-20　嘉实亭题咏

图 5-2-21　枕波双隐题咏

图 5-2-22　荷风四面亭题咏

3. 导游说明

文字性介绍主要景区及主要风景点、景物（艺术珍品、文物古迹、逸闻轶事等），寓文化教育于观赏游乐之中，增加游览情趣（图 5-2-23、图 5-2-24）。

图 5-2-23　景点说明图

图 5-2-24　庭园说明图

思考题

1. 园林造景要素有哪些？
2. 常用的园林造景手法有哪些？
3. 借景手法分为哪几种？
4. 选一个你熟悉的公园，试分析其运用了哪些造景手法。

附 录

《城市绿地设计规范》GB 50420—2007（2016年版）

目 录

1 总则
2 术语
3 基本规定
4 竖向设计
5 种植设计
6 道路、桥梁
6.1 道路
6.2 桥梁
7 园林建筑、园林小品
7.1 园林建筑
7.2 围墙
7.3 厕所
7.4 园椅、废物箱、饮水器
7.5 水景
7.6 堆山、置石
7.7 园灯
7.8 雕塑
7.9 标识
7.10 游戏及健身设施
8 给水、排水及电气
8.1 给水
8.2 排水
8.3 电气
本规范用词说明

1 总则

1.0.1 为促进城市绿地建设，改善生态和景观，保证城市绿地符合适用、经济、安全、健康、环保、美观、防护等基本要求，确保设计质量，制定本规范。

1.0.2 本规范适用于城市绿地设计。

1.0.3 城市绿地设计应贯彻人与自然和谐共存、可持续发展、经济合理等基本原则，创造良好生态和景观效果，促进人的身心健康。

1.0.4 城市绿地设计除应执行本规范外，尚应符合国家现行有关标准的规定。

2 术语

2.0.1 城市绿地 urban green space

以植被为主要存在形态，用于改善城市生态，保护环境，为居民提供游憩场所和绿化、美化城市的一种城市用地。

城市绿地包括公园绿地、生产绿地、防护绿地、附属绿地、其他绿地五大类。

2.0.2 季相 seasonal appearance of plant

植物及植物群落在不同季节表现出的外观面貌。

2.0.3 种植设计 planting design

按植物生态习性和绿地总体设计的要求，合理配置各种植物，发挥其功能和观赏特性的设计活动。

2.0.4 古树名木 historical tree and famous wood species

古树泛指树龄在百年以上的树木；名木泛指珍贵、稀有或具有历史、科学、文化价值以及有重要纪念意义的树木，也指历史和现代名人种植的树木，或具有历史事件、传说及其他自然文化背景的树木。

2.0.5 驳岸 revetment

保护水体岸边的工程设施。

2.0.6 土壤自然安息角 soil natural angle of repose

土壤在自然堆积条件下，经过自然沉淀稳定后的坡面与地面之间所形成的最大夹角。

2.0.7 标高 elevation

以大地水准面作为基准面，并作零点（水准原点）起算地面至测量点的垂直高度。

2.0.8 土方平衡 balance of cut and fill

在某一地域内挖方数量与填方数量基本相符。

2.0.9 护坡 slope protection

防止土体边坡变迁而设置的斜坡式防护工程。

2.0.10 挡土墙 retaining wall

防止土体边坡坍塌而修筑的墙体。

2.0.11 汀步 steps over water

在水中放置可以让人步行过河的步石。

2.0.12 园林建筑 garden building

在城市绿地内，既有一定的使用功能又具有观赏价值，成为绿地景观构成要素的建筑。

2.0.13 特种园林建筑 special garden building

绿地内有特殊形式和功能的建筑，如动物笼舍、温室、地下建筑、水下建筑、游乐建筑等。

2.0.14 园林小品 small garden ornaments

园林中供休息、装饰、景观照明、展示和为园林管理及方便游人之用的小型设施。

2.0.15 绿墙 green wall

用枝叶茂盛的植物或植物构架，形成高于人视线的园林设施。

2.0.16 假山 rockwork；rockery
用土、石等材料，以造景或登高揽胜为目的，人工建造的模仿自然山景的构筑物。

2.0.17 塑石 man-made rockery
用人工材料塑造成的仿真山石。

2.0.18 标识 sign or marker
绿地中设置的标志牌、指示牌、警示牌、说明牌、导游图等。

2.0.19 亲水平台 waterfront flat roof or terrace garden on water；platfrom
设置于湖滨、河岸、水际，贴近水面并可供游人亲近水体、观景戏水的单级或多级平台。

2.0.19A 湿塘 wet basin
用来调蓄雨水并具有生态净化功能的天然或人工水塘，雨水是主要补给水源。

2.0.19B 雨水湿地 stormwater wetland
通过模拟天然湿地的结构和功能，达到对径流雨水水质和洪峰流量控制目的的湿地。

2.0.19C 植草沟 grass swale
用来收集、输送、削减和净化雨水径流的表面覆盖植被的明渠，可用于衔接海绵城市其他单项设施、城市雨水管渠和超标雨水径流排放系统。主要形式有转输型植草沟、渗透型干式植草沟和经常有水的湿式植草沟。

2.0.19D 生物滞留设施 bioretention system，bioretention cell
通过植物、土壤和微生物系统滞留、渗滤、净化径流雨水的设施。

2.0.19E 生态护岸 ecological slope protection
采用生态材料修建、能为河湖生境的连续性提供基础条件的河湖岸坡，以及边坡稳定且能防止水流侵袭、淘刷的自然堤岸的统称，包括生态挡墙和生态护坡。

3 基本规定

3.0.1 城市绿地设计内容应包括：总体设计、单项设计、单体设计等。

3.0.2 城市绿地设计应以批准的城市绿地系统规划为依据，明确绿地的范围和性质，根据其定性、定位作出总体设计。

3.0.3 城市绿地总体设计应符合绿地功能要求，因地制宜，发挥城市绿地的生态、景观、生产等作用，达到功能完善、布局合理、植物多样、景观优美的效果。

3.0.4 城市绿地设计应根据基地的实际情况，提倡对原有生态环境保护、利用和适当改造的设计理念。

3.0.5 城市绿地布局宜多样统一，简洁而不单调，各分区间应有机联系。城市绿地应与周围环境协调统一。

3.0.6 不同性质、类型的城市绿地内绿色植物种植面积占用地总面积（陆地）比例，应符合国家现行有关标准的规定。城市绿地设计应以植物为主要元素，植物配置应注重植物生态习性、种植形式和植物群落的多样性、合理性。

3.0.7 城市绿地范围内原有树木宜保留、利用。如因特殊需要在非正常移栽期移植，应采取相应技术措施确保成活，胸径在250mm以上的慢长树种，应原地保留。

3.0.8 城市绿地范围内的古树名木必须原地保留。

3.0.9 城市绿地的建筑应与环境协调，并符合以下规定：

① 公园绿地内建筑占地面积应按公园绿地性质和规模确定游憩、服务、管理建筑占用地面积比例，小型公园绿地不应大于3%，大型公园绿地宜为5%，动物园、植物园、游乐

园可适当提高比例。

② 其他绿地内各类建筑占用地面积之和不得大于陆地总面积的2%。

3.0.10 城市开放绿地的出入口、主要道路、主要建筑等应进行无障碍设计，并与城市道路无障碍设施连接。

3.0.11 地震烈度6度以上（含6度）的地区，城市开放绿地必须结合绿地布局设置专用防灾、救灾设施和避难场地。

3.0.12 城市绿地中涉及游人安全处必须设置相应警示标识。城市绿地中的大型湿塘、雨水湿地等设施必须设置警示标识和预警系统，保证暴雨期间人员的安全。

3.0.13 城市开放绿地应按游人行为规律和分布密度，设置座椅、废物箱和照明等服务设施。

3.0.14 城市绿地设计应积极选用环保材料，宜采取节能措施，充分利用太阳能、风能以及雨水等资源。

3.0.15 城市绿地的设计宜采用源头径流控制设施，满足城市对绿地所在地块的年径流总量控制要求。

3.0.15A 海绵型城市绿地的设计应遵循经济性、适用性原则，依据区域的地形地貌、土壤类型、水文水系、径流现状等实际情况综合考虑并应符合下列规定：

① 海绵型城市绿地的设计应首先满足各类绿地自身的使用功能、生态功能、景观功能和游憩功能，根据不同的城市绿地类型，制定不同的对应方案；

② 大型湖泊、滨水、湿地等绿地宜通过渗、滞、蓄、净、用、排等多种技术措施，提高对径流雨水的渗透、调蓄、净化、利用和排放能力；

③ 应优先使用简单、非结构性、低成本的源头径流控制设施；设施的设置应符合场地整体景观设计，应与城市绿地的总平面、竖向、建筑、道路等相协调；

④ 城市绿地的雨水利用宜以入渗和景观水体补水与净化回用为主，避免建设维护费用高的净化设施。土壤入渗率低的城市绿地应以储存、回用设施为主；城市绿地内景观水体可作为雨水调蓄设施并与景观设计相结合；

⑤ 应考虑初期雨水和融雪剂对绿地的影响，设置初期雨水弃流等预处理设施。

4 竖向设计

4.0.1 城市绿地的竖向设计应以总体设计布局及控制高程为依据，营造有利于雨水就地消纳的地形并应与相邻用地标高相协调，有利于相邻其他用地的排水。

4.0.2 竖向设计应满足植物的生态习性要求，有利于雨水的排蓄，有利于创造多种地貌和多种园林空间，丰富景观层次。

4.0.3 基地内原有的地形地貌、植被、水系宜保护、利用，必要时可因地制宜适当改造，宜就地平衡土方。

4.0.4 对原地表层适宜栽植的土壤，应加以保护并有效利用，不适宜种植的土壤，应以客土更换。

4.0.5 在改造地形填挖土方时，应避让基地内的古树名木，并留足保护范围（树冠投影外3～8m）应有良好的排水条件，且不得随意更改树木根颈处的地形标高。

4.0.6 绿地内山坡、谷地等地形必须保持稳定。当土坡超过土壤自然安息角呈不稳定时，必须采用挡土墙、护坡等技术措施，防止水土流失或滑坡。

4.0.7 土山堆置高度应与堆置范围相适应，并应做承载力计算，防止土山位移、滑坡或大幅度沉降而破坏周边环境。

4.0.8 若用填充物堆置土山时,其上部覆盖土厚度应符合植物正常生长的要求。

4.0.9 绿地中的水体应有充足的水源和水量,除雨、雪、地下水等水源外,小面积水体也可以人工补给水源,水体的常水位与池岸顶边的高差宜在0.3m,并不宜超过0.5m,水体可设闸门或溢水口以控制水位。

4.0.10 水体深度应随不同要求而定,栽植水生植物及营造人工湿地时,水深宜为0.1～1.2m。

4.0.11 城市开放绿地内,水体岸边2m范围内的水深不得大于0.7m;当达不到此要求时,必须设置安全防护设施。

4.0.12 未经处理或处理未达标的生活污水和生产废水不得排入绿地水体。在污染区及其邻近地区不得设置水体。

4.0.13 水体应以原土构筑池底并采用种植水生植物、养鱼等生物措施,促进水体自净,若遇漏水,应设防渗漏设施。

4.0.14 水体的驳岸、护坡,应确保稳定、安全,并宜栽种护岸植物。

5 种植设计

5.0.1 种植设计应以绿地总体设计对植物布局的要求为依据,并应优先选择符合当地自然条件的适生植物。

5.0.2 设有生物滞留设施的城市绿地,应栽植耐水湿的植物。

5.0.3 种植设计中当选用外界引入新植物种类(品种)时,应避免有害物种入侵。

5.0.4 设计复层种植时,上下层植物应符合生态习性要求,并应避免相互产生不良影响。

5.0.5 应根据场地气候条件、土壤特性选择适宜的植物种类及配置模式。土壤的理化性状应符合当地有关植物种植的土壤标准,并应满足雨水渗透的要求。

5.0.6 种植配置应符合生态、游憩、景观等功能要求,并便于养护管理。

5.0.7 植物种植设计应体现整体与局部、统一与变化、主景与配景及基调树种、季相变化等关系。应充分利用植物的枝、花、叶、果等形态和色彩,合理配置植物,形成群落结构多种和季相变化丰富的植物景观。

5.0.8 种植设计应以乔木为主,并以常绿树与落叶树相结合,速生树与慢长树相结合,乔、灌、草相结合,使植物群落具有良好的景观与生态效益。

5.0.9 基地内原有生长较好的植物,应予保留并组合成景。新配植的树木应与原有树木相互协调,不得影响原有树木的生长。

5.0.10 种植设计应有近期、远期不同的植物景观要求。重要地段应兼顾近期、远期景观效果。

5.0.11 城市绿地的停车场宜配植庇荫乔木、绿化隔离带,并铺设植草地坪。

5.0.12 儿童游乐园严禁配置有毒、有刺等易对儿童造成伤害的植物。

5.0.13 屋顶绿化应根据屋面及建筑整体的允许荷载和防渗要求进行设计,不得影响建筑结构安全及排水。

5.0.14 屋顶绿化的土壤应采用轻型介质,其底层应设置性能良好的滤水层、排水层和防水层。

5.0.15 屋顶绿化乔木栽植位置应设在柱顶或梁上,并采取抗风措施。

5.0.16 屋顶绿化应选择喜光、抗风、抗逆性强的植物。

5.0.17 开山筑路而形成的裸露坡面,可喷播草籽或设置攀缘绿化。

6 道路、桥梁

6.1 道路

6.1.1 城市绿地内道路设计应以绿地总体设计为依据，按游览、观景、交通、集散等需求，与山水、树木、建筑、构筑物及相关设施相结合，设置主路、支路、小路和广场，形成完整的道路系统。

6.1.2 城市绿地应设2个或2个以上出入口，出入口的选址应符合城市规划及绿地总体布局要求，出入口应与主路相通。出入口旁应设置集散广场和停车场。

6.1.3 绿地的主路应构成环道，并可通行机动车。主路宽度不应小于3.00m。通行消防车的主路宽度不应小于3.50m，小路宽度不应小于0.80m。

6.1.4 绿地内道路应随地形曲直、起伏。主路纵坡不宜大于8%，山地主路纵坡不应大于12%。支路、小路纵坡不宜大于18%。当纵坡超过18%时，应设台阶，台阶级数不应少于2级。

6.1.5 城市绿地内的道路应优先采用透水、透气型铺装材料及可再生材料。透水铺装除满足荷载、透水、防滑等使用功能和耐久性要求外，尚应符合下列规定：
① 透水铺装对道路路基强度和稳定性的潜在风险较大时，可采用半透水铺装结构；
② 土壤透水能力有限时，应在透水铺装的透水基层内设置排水管或排水板；
③ 当透水铺装设置在地下室顶板上时，顶板覆土厚度不应小于600mm并应设置排水层。

6.1.5A 湿陷性黄土与冰冻地区的铺装材料应根据实际情况确定。

6.1.6 依山或傍水且对游人存在安全隐患的道路，应设置安全防护栏杆，栏杆高度必须大于1.05m。

6.2 桥梁

6.2.1 桥梁设计应以绿地总体设计布局为依据，与周边环境相协调，并应满足通航的要求。

6.2.2 考虑重车较少，通行机动车的桥梁应按公路二级荷载的80%计算，桥两端应设置限载标志。

6.2.3 人行桥梁，桥面活荷载应按$3.5kN/m^2$计算，桥头设置车障。

6.2.4 不设护栏的桥梁、亲水平台等临水岸边，必须设置宽2.00m以上的水下安全区，其水深不得超过0.70m。汀步两侧水深不得超过0.50m。

6.2.5 通游船的桥梁，其桥底与常水位之间的净空高度不应小于1.50m。

7 园林建筑、园林小品

7.1 园林建筑

7.1.1 园林建筑设计应以绿地总体设计为依据，景观、游览、休憩、服务性建筑除应执行相应建筑设计规范外，还应遵循下列原则：
① 优化选址。遵循"因地制宜""精在体宜""巧于因借"的原则，选择最佳地址，建筑与山水、植物等自然环境相协调，建筑不应破坏景观。
② 控制规模。除公园外，城市绿地内的建筑占用地面积不得超过陆地总面积的2%。
③ 创造特色。园林建筑设计应运用新理念、新技术、新材料，充分利用太阳能、风能、热能等天然能源，利用当地的社会和自然条件，创造富有鲜明地方特点、民族特色的园林

建筑。

7.1.2 动物笼舍、温室等特种园林建筑设计，必须满足动物和植物的生态习性要求，同时还应满足游人观赏视觉和人身安全要求，并满足管理人员人身安全及操作方便的要求。

7.1.2A 城市绿地内的建筑应充分考虑雨水径流的控制与利用。屋面坡度小于等于15°的单层或多层建筑宜采用屋顶绿化。

7.1.2B 公园绿地应避免地下空间的过度开发，为雨水回补地下水提供渗透路径。

7.2 围墙

7.2.1 城市绿地不宜设置围墙，可因地制宜选择沟渠、绿墙、花篱或栏杆等替代围墙。必须设置围墙的城市绿地宜采用透空花墙或围栏，其高度宜在0.80~2.20m。

7.3 厕所

7.3.1 城市开放绿地内厕所的服务半径不应超过250m。节假日厕位不足时，可设活动厕所补充。厕所位置应便于游人寻找，厕所的外形应与环境相协调，不应破坏景观。

7.3.2 城市开放绿地内厕所的厕位数量应按男女各半或女多男少设计。宜以蹲式便器为主，并设拉手。每个厕所应有一个无障碍厕位及男女各一个坐式便器。男厕所内还宜设一个低位小便器。

7.3.3 城市绿地内厕所必须通风、通水、清洁、无臭。

7.3.4 厕所应设防滑地面，宜采用脚踏式或感应式节水水龙头。

7.3.5 厕所的污水不得直接排入江河湖海或景观水体，必须经净化处理达标后浇灌绿地，或排入市政污水管道。

7.4 园椅、废物箱、饮水器

7.4.1 城市开放绿地应按游人流量、观景、避风向阳、庇荫、遮雨等因素合理设置园椅或座凳，其数量可根据游人量调整，宜为20~50个/hm^2。

7.4.2 城市开放绿地的休息座椅旁应按不小于10%的比例设置轮椅停留位置。

7.4.3 城市绿地内应设置废物箱分类收集垃圾，在主路上每100m应设1个以上，游人集中处适当增加。

7.4.4 公园绿地宜设置饮水器，饮水器及水质必须符合饮用水卫生标准。

7.5 水景

7.5.1 城市绿地的水景设计应以总体布局及当地的自然条件、经济条件为依据，因地制宜合理布局水景的种类、形式，水景应以天然水源为主。

7.5.2 喷泉设计应以每天运行为前提，合理确定其形式，并应与环境相协调。

7.5.3 景观水体必须采用过滤、循环、净化、充氧等技术措施，保持水质洁净。与游人接触的喷泉不得使用再生水。

7.5.4 城市绿地的水岸宜采用坡度为（1:2）~（1:6）的缓坡，水位变化比较大的水岸，宜设护坡或驳岸。绿地的水岸宜种植护岸且能净化水质的湿生、水生植物。

7.6 堆山、置石

7.6.1 城市绿地以自然地形为主，应慎重抉择大规模堆山、叠石。堆叠假山宜少而精。

7.6.2 人工堆叠假山应以安全为前提进行总体造型和结构设计，造型应完整美观、结构应牢固耐久。

  7.6.3 叠石设计应对石质、色彩、纹理、形态、尺度有明确设计要求。

  7.6.4 人工堆叠假山除应用天然山石外，也可采用人工塑石。

  7.6.5 局部独立放置的景石宜少而精，并与环境协调。

7.7 园灯

  7.7.1 夜间开放的城市绿地应设置园灯。应根据实际需要适量合理选用庭园灯、草坪灯、泛光灯、地坪灯或壁灯等。

  7.7.2 园灯设计应与周边环境相协调，使园灯成为景观的一部分。

  7.7.3 绿地的照明灯，应采用节能灯具，并宜使用太阳能灯具。

7.8 雕塑

  7.8.1 城市绿地内雕塑的题材、形式、材料和体量应与所处环境相协调。

  7.8.2 城市绿地应慎重选用纪念雕塑和大型主题雕塑，且应获得相关主管部门认可、核准。

7.9 标识

  7.9.1 指示标识应采用国家现行标准规定的公共信息图形。

7.10 游戏及健身设施

  7.10.1 城市绿地内儿童游戏及成人健身设备及场地，必须符合安全、卫生的要求，并应避免干扰周边环境。

  7.10.2 儿童游戏场地宜采用软质地坪或洁净的沙坑。沙坑周边应设防沙粒散失的措施。

8 给水、排水及电气

8.1 给水

  8.1.1 给水设计用水量应根据各类设施的生活用水、消防用水、浇洒道路和绿化用水、水景补水、管网渗漏水和未预见用水等确定总体用水量。

  8.1.2 绿地内天然水或中水的水量和水质能满足绿化灌溉要求时，应首选天然水或中水。

  8.1.3 绿地内生活给水系统不得与其他给水系统连接。确需连接时，应有生活给水系统防回流污染的措施。

  8.1.4 绿化灌溉给水管网从地面算起最小服务水压应为 0.10MPa，当绿地内有堆山和地势较高处需供水，或所选用的灌溉喷头和洒水栓有特定压力要求时，其最小服务水压应按实际要求计算。

  8.1.5 给水管宜随地形敷设，在管路系统高凸处应设自动排气阀，在管路系统低凹处应设泄水阀。

  8.1.6 景观水池应有补水管、放空管和溢水管。当补水管的水源为自来水时，应有防止给水管被回流污染的措施。

8.2 排水

  8.2.1 排水体制应根据当地市政排水体制、环境保护等因素综合比较后确定。

8.2.2 绿地排水宜采用雨水、污水分流制。污水不得直接排入水体，必须经处理达标后排入。

8.2.3 绿地中雨水排水设计应根据不同的绿地功能，选择相应的雨水径流控制和利用的技术措施。

8.2.4 化工厂、传染病医院、油库、加油站、污水处理厂等附属绿地以及垃圾填埋场等其他绿地，不应采用雨水下渗减排的方式。

8.2.5 绿地宜利用景观水体、雨水湿地、渗管/渠等措施就地储存雨水，应用于绿地灌溉、冲洗和景观水体补水，并应符合下列规定：

① 有条件的景观水体应考虑雨水的调蓄空间，并应根据汇水面积及降水条件等确定调蓄空间的大小。

② 种植地面可在汇水面低洼处设置雨水湿地、碎石盲沟、渗透管沟等集水设施，所收集雨水可直接排入绿地雨水储存设施中。

③ 建筑屋顶绿化和地下建筑及构筑物顶板上的绿地应有雨水排水措施，并应将雨水汇入绿地雨水储存设施中。

④ 进入绿地的雨水，其停留时间不得大于植物的耐淹时间，一般不得超过 48h。

8.2.6 绿地内的污水、废水处理工艺，宜根据进出水质、水量等要求，采用生物处理或生态处理技术。

8.3 电气

8.3.1 绿地景观照明及灯光造景应考虑生态和环保要求，避免光污染影响，室外灯具上射逸出光不应大于总输出光通量的 25%。

8.3.2 城市绿地用电应为三级负荷，绿地中游人较多的交通广场的用电应为二级负荷；低压配电宜采用放射式和树干式相结合的系统，供电半径不宜超过 0.3km。

8.3.3 室外照明配电系统在进线电源处应装设具有检修隔离功能的四级开关。

8.3.4 城市绿地中的电气设备及照明灯具不应使用 0 类防触电保护产品。

8.3.5 安装在水池内、旱喷泉内的水下灯具必须采用防触电等级为 Ⅲ 类，防护等级为 IPX8 的加压水密型灯具，电压不得超过 12V。旱喷泉内禁止直接使用电压超过 12V 的潜水泵。

8.3.6 喷水池的结构钢筋、进出水池的金属管道及其他金属件、配电系统的 PE 线应做局部等电位连接。

8.3.7 室外配电装置的金属构架、金属外壳、电缆的金属外皮、穿线金属管、灯具的金属外壳及金属灯杆，应与接地装置相连（接 PE 线）。

8.3.8 城市开放绿地内宜设置公共电话亭和有线广播系统。

本规范用词说明

1. 为便于在执行本规范条文时区别对待，对要求严格程度不同的用词说明如下：

1) 表示很严格，非这样做不可的用词：正面词采用"必须"，反面词采用"严禁"。

2) 表示严格，在正常情况下均应这样做的用词：正面词采用"应"，反面词采用"不应"或"不得"。

3) 表示允许稍有选择，在条件许可时首先应这样做的用词：正面词采用"宜"，反面词采用"不宜"，表示有选择，在一定条件下可以这样做的用词，采用"可"。

2. 本规范中指明应按其他有关标准、规范执行的写法为"应符合……的规定"或"应按……执行"。

江南经典园林平面图

一、网师园

网师园（附图1）位于江苏省苏州市阔家头巷11号，最初为南宋吏部侍郎史正志所建"万卷堂"故址的一部分。现在的网师园主要是乾隆末年"瞿园"的遗物。总面积约8亩（1亩=667m²），是苏州中型古典山水宅园的代表作品。网师园的园林部分在平面上采用主景区居中的方法，以一个水池为中心，周围布置建筑物，营造出小中见大的效果。

二、拙政园

拙政园（附图2）位于苏州姑苏东北街178号，占地面积52000m²，是始建于明代的古典园林，具有浓郁的江南水乡特色，至今保持着旷远明瑟、平淡疏朗的风格，被誉为吴中名园之冠。该园规模宏大，分为东、中、西、住宅四部分。

三、沧浪亭

沧浪亭（附图3）位于苏州城南三元坊，是苏州园林中现存历史最久的一处。园址面积约十六亩。沧浪亭取《楚辞·渔父》"沧浪之水清兮，可以濯吾缨；沧浪之水浊兮，可以濯吾足"之意。

四、环秀山庄

环秀山庄（附图4）位于苏州景德路中段，占地面积仅约3.26亩，此园重点突出山体并收缩水面，使水体环绕山形迂回曲折。

五、留园

留园（附图5）位于苏州留园路338号，现占地面积约2hm²，是苏州大型古典园林之一，分中、东、西、北四个景区。

六、曲院风荷

曲院风荷公园（附图6）位于浙江省杭州西湖西北隅，占地约28.4hm²，是西湖环湖绿地中一座最大的、并以夏景观荷为主的公园。

七、花港观鱼

花港观鱼公园（附图7）位于杭州西湖西南角，占地30余万平方米，是集观赏、游憩、服务于一体的综合性公园。

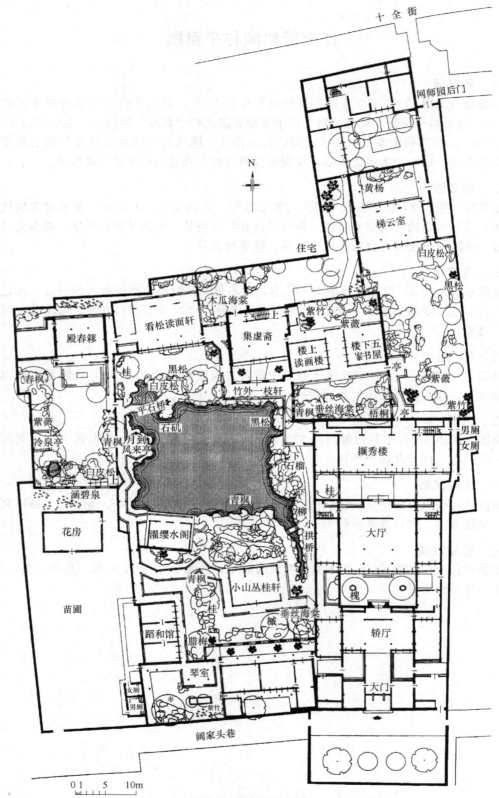

附图 1 网师园平面图

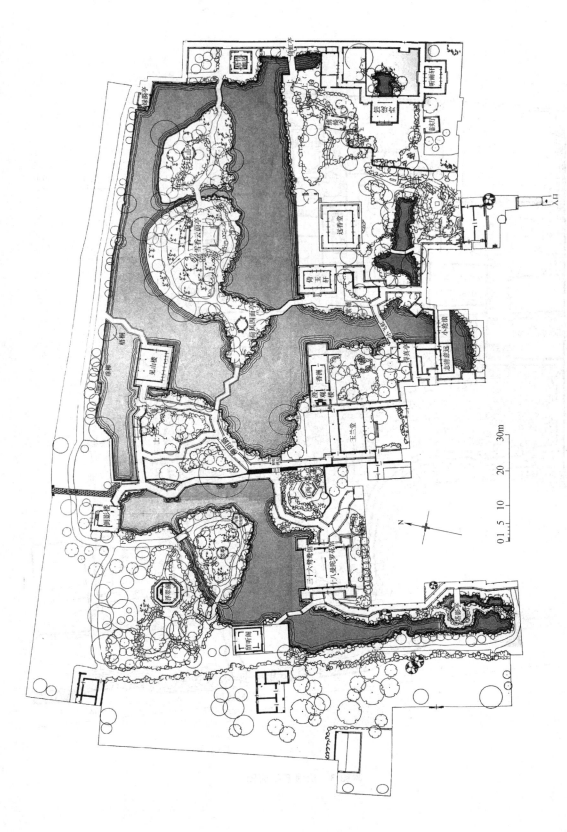

附图 2 拙政园中西部平面图

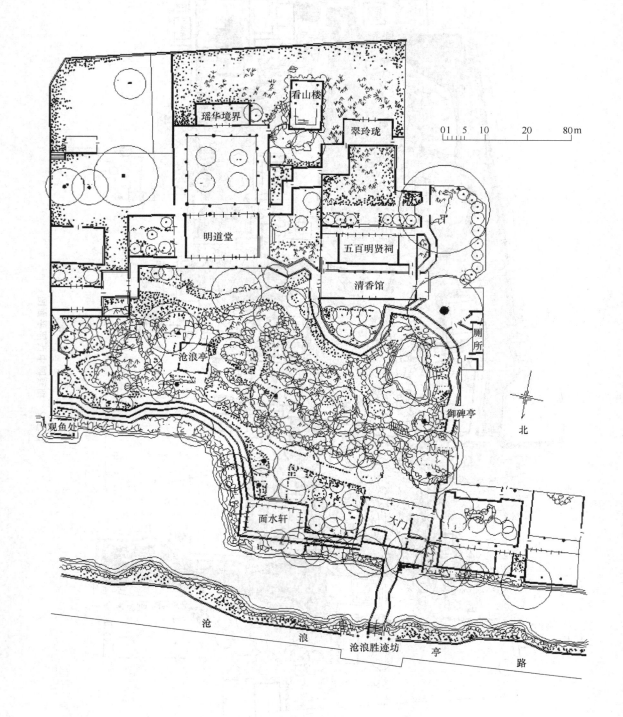

附图3 沧浪亭平面图

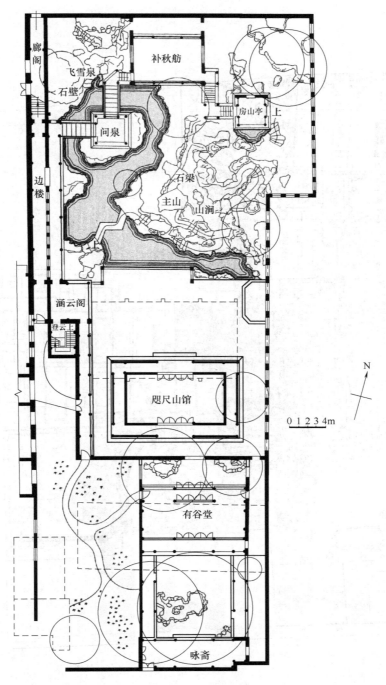

附图 4　环秀山庄平面图

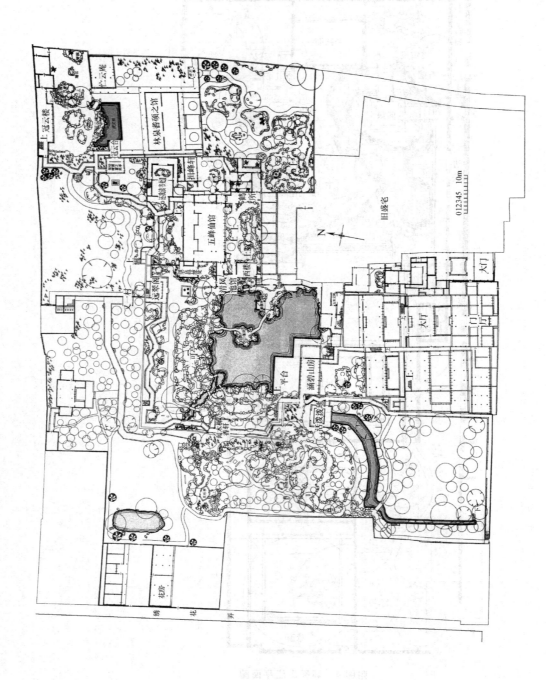

附图5 留园平面图

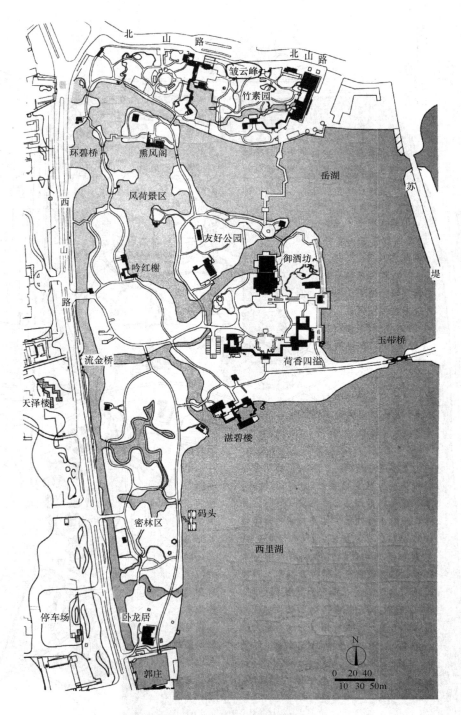

附图6 曲院风荷平面图

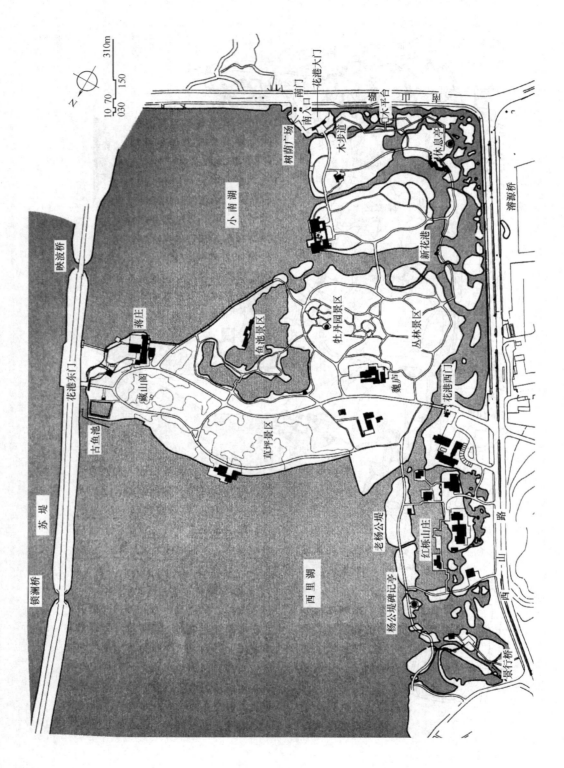

附图7 花港观鱼平面图

参 考 文 献

[1] 蔺银鼎. 风景园林学科发展的前沿动态与热点研究问题［J］. 山西：山西农业大学学报，2004，3.
[2] 卢仁，金承藻. 园林建筑设计［M］. 北京：中国建筑工业出版社，1991.
[3] 李珊红，李汇丰. 云南景颇族人居环境研究［J］现代农业科技. 2012，4（7）.
[4] 谷康. 园林设计初步［M］. 南京：东南大学出版社，2003.
[5] 谷康. 园林制图与识图［M］. 南京：东南大学出版社，2001.
[6] 芦原义信. 尹培桐译. 外部空间设计［M］. 北京：中国建筑工业出版社，1985.
[7] 赵春仙，周涛. 园林设计基础［M］. 北京：中国林业出版社，2006.
[8] 石宏义. 园林设计初步［M］. 北京：中国林业出版社，2006.
[9] 刘磊. 园林设计初步［M］. 重庆：重庆大学出版社，2011.
[10] 赵志生，王天祥. 立体构成［M］. 重庆：重庆大学出版社，2009.
[11] 于兴财. 立体构成［M］. 武汉：华中科技大学出版社，2015.
[12] 贝蒂·艾德华. 贝蒂的色彩［M］. 哈尔滨：北方文艺出版社，2008.
[13] 卢圣. 景观设计与绘图［M］. 北京：化学工业出版社，2010.
[14] 张维妮. 园林设计初步［M］. 北京：化学工业出版社，2010.
[15] 李丹，马兰. 平面构成基础［M］. 沈阳：辽宁美术出版社，2008.
[16] 李莉婷. 色彩构成［M］. 武汉：湖北美术出版社，2001.
[17] 孙晓玲. 色彩构成［M］. 合肥：安徽美术出版社出版，1997.
[18] 彭敏，林晓新. 实用园林制图（第二版）［M］. 广州：华南理工大学出版社，2006.
[19] 王晓俊. 风景园林设计［M］. 江苏：江苏科学技术出版社，2008.
[20] 赵建民. 园林设计初步［M］. 北京：中国农业出版社，2007.
[21] 殷华林. 园林规划设计［M］. 合肥：安徽大学出版社，2014.
[22] 杭程. 景观设计的快速推演［M］. 北京：中国电力出版社，2009.
[23] 唐学山，李雄，曹礼昆. 园林设计［M］. 北京：中国林业出版社，1996.
[24] 田学哲. 建筑初步［M］. 北京：中国建筑工业出版社，2002.
[25] 周立军. 建筑设计基础［M］. 哈尔滨：哈尔滨工业大学出版社，2003.
[26] 俞孔坚，李迪华. 景观设计：专业、学科与教育［M］. 北京：中国建筑工业出版社，2003.
[27] 徐清. 景观设计学［M］. 上海：同济大学出版社，2014.
[28] 公伟，武慧兰. 景观设计基础与原理［M］. 北京：中国水利水电出版社，2011.
[29] 周玉明. 景观设计［M］. 苏州：苏州大学出版社，2010.
[30] 杨志德. 风景园林设计原理［M］. 武汉：华中科技大学出版社，2009.
[31] 胡长龙. 园林规划设计［M］. 北京：中国农业出版社，2002.
[32] 金煜. 园林植物景观设计［M］. 沈阳：辽宁科学技术出版社，2008.
[33] 刘滨谊. 现代景观设计教程［M］. 南京：东南大学出版社，2005.
[34] 李开然. 景观设计基础［M］. 上海：上海人民美术出版社，2006.
[35] 张晓燕. 景观设计理念与应用［M］. 北京：中国水利水电出版社，2007.
[36] 郝赤彪. 景观设计原理［M］. 北京：中国电力出版社，2009.
[37] 过元炯. 园林艺术［M］. 北京：中国农业出版社，2006.
[38] 李慧峰. 园林建筑设计［M］. 北京：化学工业出版社，2015.
[39] 刘福智. 园林景观规划与设计［M］. 北京：机械工业出版社，2012.
[40] 周长亮，张健，张吉祥. 景观规划设计原理［M］. 北京：机械工业出版社，2012.
[41] 王先杰. 水景与假山造景［M］. 北京：化学工业出版社，2009.
[42] 魏民. 风景园林专业综合实习指导书——规划设计篇［M］. 北京：中国建筑工业出版社，2007.
[43] 许先升，冯丽. 园林设计初步［M］. 北京：中国林业出版社，2017.
[44] 胡卫军. 字体设计［M］. 北京：清华大学出版社，2017.
[45] 王鑫，童玲，刘立涛. 字体设计［M］. 北京：北京工业大学出版社，2017.
[46] 王广文，战宁，陆熹夕. 字体设计教程［M］. 北京：中国纺织出版社，2006.

[47]　熊瑞萍，杨霞. 园林设计初步［M］. 北京：中国水利水电出版社，2016.
[48]　王冬梅. 园林景观设计［M］. 安徽：合肥工业大学出版社，2015.
[49]　杨至德. 风景园林设计原理［M］. 武汉：华中科技大学出版社，2015.
[50]　李方方. 立体构成［M］. 武汉：华中科技大学出版社，2014.
[51]　张磊，肖玉. 平面构成案例解析［M］. 北京：北京理工大学出版社，2012.
[52]　段大娟. 园林制图［M］. 北京：化学工业出版社，2012.

彩图 3-3-2　色彩的均衡

彩图 3-3-3　色彩的节奏与韵律

彩图 3-3-4　色彩的互补　　　　　彩图 3-3-5　灰绿色草本植物的装饰性

彩图 3-3-6　色块的运用

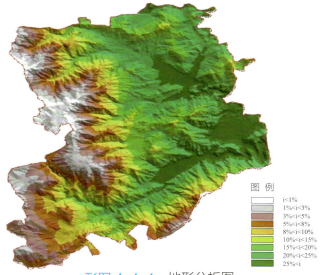

彩图 4-1-1　地形分析图

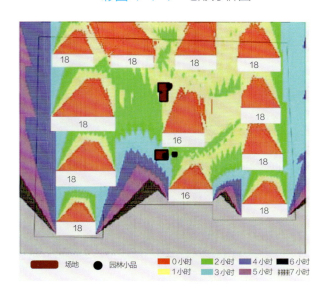

彩图 4-1-2　凤凰城冬至景观日照分析图（张晓琳硕士论文）

彩图 4-1-19　彩色水笔草图

彩图 4-1-20　绿地景观模型

彩图 4-1-22　石角公园效果图

彩图 4-2-32　一点透视效果图示例（1）

彩图 4-2-33　一点透视效果图示例（2）

彩图 4-2-37　两点透视效果图示例（2）

彩图 4-2-39　鸟瞰图（2）

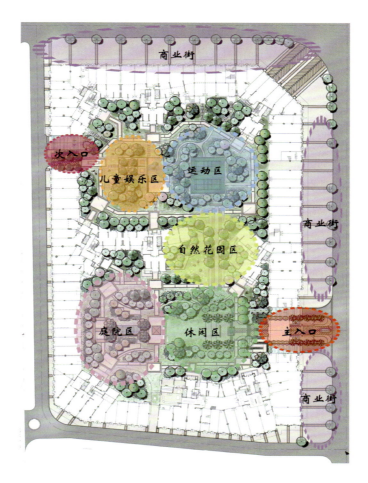

彩图 4-2-43　功能分区图示例（3）

彩图 5-1-9　师法自然的小环境

彩图 5-1-8　花卉造景

彩图 5-1-19　花境

彩图 5-2-1　拙政园内远借北寺塔

彩图 5-2-4　俯借

彩图 5-2-10　入口框景

彩图 5-2-13　室内框景